走向统一

粒子物理之路

张天蓉 著

清華大學出版社
北京

图书在版编目（CIP）数据

走向统一：粒子物理之路/张天蓉著. —北京：清华大学出版社，2022.7
（科学原点丛书）
ISBN 978-7-302-57550-4

Ⅰ. ①走… Ⅱ. ①张… Ⅲ. ①粒子物理学－普及读物 Ⅳ. ①O572.2-49

中国版本图书馆CIP数据核字（2021）第027046号

责任编辑：胡洪涛 王 华
封面设计：于 芳
责任校对：王淑云
责任印制：宋 林

出版发行：清华大学出版社
网 址：http://www.tup.com.cn，http://www.wqbook.com
地 址：北京清华大学学研大厦A座 邮 编：100084
社 总 机：010-83470000 邮 购：010-62786544
投稿与读者服务：010-62776969，c-service@tup.tsinghua.edu.cn
质量反馈：010-62772015，zhiliang@tup.tsinghua.edu.cn
印 装 者：北京博海升彩色印刷有限公司
经 销：全国新华书店
开 本：165mm×235mm 印张：15.25 字数：221千字
版 次：2022年7月第1版 印次：2022年7月第1次印刷
定 价：69.00元

产品编号：088158-01

前　言

本书定名为《走向统一：粒子物理之路》，其主要讲述的并不是爱因斯坦本人的工作和成就，而是记录了众多理论物理学家们在追求探索“统一理论”的道路上留下的足迹。

自古以来，科学家们就追求理论的完美，牛顿力学的经典理论算是实现了物理理论统一的第一座丰碑，法拉第和麦克斯韦将“电、磁、光”三者统一在一组漂亮而对称的方程式中。爱因斯坦在成功地建立了两个相对论之后，便萌生了“统一大梦”，企图寻找一个能够解释万物的理论，但最后以失败而告终。至今又过去了大半个世纪，数千名物理学家前赴后继地追随爱因斯坦的梦想，探求万物之理。在这条坎坷的统一路上，虽然看起来颇有进展，却仍然未得其果。

几十年来，与统一大业有关而发展起来的理论模型不少：基本粒子标准模型、宇宙大爆炸学说、描写相互作用的规范场、量子引力、超弦理论、超对称、M理论、大统一论、万有理论，哪一个算得上是统一理论呢？都是，又都不是。这些理论中固然有不少交叉和重复，但即便所有理论的总和，也远远够不上是“万物之理”。

也许所谓的万物之理并不存在！实际上，每提出一个新理论，解决了某些老问题，又往往会产生出许多新的未解之谜。其实这就是科学发展进步的正常途径，寻找万物之理，不过是代表了人类追求探索大自然秘密的一个循环上升而无限逼近的过程而已。

此外，物理学是基于实验和观测的科学，正如著名物理学家温伯格所说：“物理学并不是一个已完成的逻辑体系。”过去和现在不是，将来也不会是。物理理论必须不断地改造和修正，不断地革命，才能符合从实验和观测中得到的新数据。

尽管万物之理难以企及，但是，追求美是人类的天性，追求一个统一的“万物之理”便是这种天性在物理学中的体现。

20 世纪 80 年代初期，广义相对论量子化的研究曾经引人瞩目，在得克萨斯州大学奥斯汀分校的相对论及理论物理中心，荟萃了研究量子引力的几位大师级人物，其中有：费曼的老师约翰 · 惠勒，引力量子化的奠基人布莱斯 · 德威特，霍金在英国的博士指导教授丹尼斯 · 夏玛。 此外还有属于年轻一辈的几位。 后来，又来了诺贝尔奖得主温伯格教授。 笔者当年在那里攻读博士学位期间感觉受益匪浅，也亲身感受到物理大师们孜孜不倦地寻求“万物之理”的奋斗精神。

几十年一晃而过，虽然几位老一辈的物理学家已经作古，当年的年轻人也人到中年，却仍然在继续努力，探索不止。

为此，笔者将这本小书奉献给渴求了解物理统一理论的广大读者们，并以此纪念那些为求万物之理而辛勤耕耘、默默奉献的无数物理学前辈们！

目 录

引　言

物理理论的简约之美

统一的意思就是使事物简单化。从多变少，由少归一，便谓之统一。

爱因斯坦在解释了光电效应、提出两个相对论之后，便开始了对统一场论的研究。大有“躲进小楼成一统，管他冬夏与春秋”之势，这一“统”就是三十余年，到死方休。爱因斯坦将其后半生都献给了物理学中的这场“统一之梦”。然而，他为此独自奋斗三十余年却未得其果。

尽管“统一场论”一词始于爱因斯坦，但其思想却始于麦克斯韦和法拉第的电磁场理论。事实上，如果略去“场论”二字，只谈理论之统一，那就应该追溯到牛顿时代了。

爱因斯坦逝世后，物理学家们在这条统一之路上，又走过了一个甲子的历程。在六十年的风风雨雨、点点滴滴中，理论物理学家们究竟做了些什么？统一之路如今走到了哪里？前途如何？本书从介绍牛顿力学、量子力学开始，到数学中的群论、对称守恒原理，再介绍标准模型、规范理论、量子场论、费曼路径积分、费曼图等，让读者对理论物理中的“统一”大框架，特别是主流物理界公认的“标准模型”，有一个基本认识。最后，也探讨一下统一理论与大爆炸宇宙学、暗物质、暗能量的关系，以及标准模型的困难和局限，并简要地介绍包括弦论、M理论、弦网等概念，让读者不仅能领略到理论的美妙和科学家的追求，也能体会到科学研究的艰辛，更激励着年轻人保持探索自然规律的愿望和好奇心，踏进科学的大门。

物理学中的统一之路，实际上追求的是一种简约之美。

把复杂的事情简单化，是一种本领和智慧。简约并不简单，大智若愚、大道至简，用简去繁、以少胜多。中国清代有位书画家郑板桥，被称为“扬州八怪”之一，他在书斋中挂了一幅自写的对联，题曰：“删繁就简三秋树，领异标新二月花”，以此表明他的书法及文学理念，主张以最简练、清晰的笔墨和不同凡响的思想表现出最丰富的内容。

而物理学家的“统一”，归纳起来有三方面：一是物理规律的统一；二是物质本源的统一；三是相互作用的统一。

因而，物理学家所追求的简单化、统一化，听起来与郑板桥追求的书画笔墨及文字之“简约”，如出一辙。两者实质上也就是所谓“奥卡姆剃刀”原则的变换说法，同属“简约之美”。

奥卡姆不是人名，而是英格兰的一个村庄。14世纪时，那里出了一位叫作“威廉”的逻辑学家。此人流传下来的东西不多，唯有这一句话脍炙人口——Entities should not be multiplied unnecessarily。可用中文将其翻译成一段八字格言：如无必要，勿增实体(奥卡姆剃刀原则)。意思是说，删除一切没必要的多余“实体”，留下最精炼的部分。

对于理论物理，这一原理最好的表述是：当你面对着导致同样结论的两种理论，选择那个最简单、实体最少的！物理统一理论中的实体，可被理解为基本规律、粒子和作用力。也就是说，统一，就是用最少数目的物理规律来描述自然现象；用最少数目的“不可分割基本粒子”来构成所有的物质；用最少种类的“力”来描述物质之间的相互作用，这才符合奥卡姆剃刀原则，符合简约之美！

牛顿曾经感叹过：“我能计算天体运行的轨道，但无法计算人类的疯狂。”

“奥卡姆剃刀”原则也许难以描述多变的社会现象及复杂的人性，但将其用于科学时的优越性却毋庸置疑。几百年来，这一原理在科学上得到了广泛应用，从牛顿的万有引力到爱因斯坦的相对论，再到如今的标准模型，在漫长的统一之路上，“奥卡姆剃刀”原则已经成为重要的科学思维理念。

然而，物理学中的统一理论，即用以描述物质世界的“最少数目”的标准，是随着时间而变化的。随着科学技术的不断进步，实验手段的不断改进和发展，各种理论得以建立和完善，我们对大自然的理性认识也深入到不同的层次。这一切，使得在科学发展的不同历史时期，会有不同意义下的不同的“统一理论”。它们犹如在一条曲折流逝的河流中，在一定位置出现的一片片平静的港湾。河流总是从这些港湾和支流中，不断地吸取精华、去除糟粕，川流不息地奔向大海。

牛顿运动定律加万有引力定律，毫无疑问是物理学中第一个“统一理论”。牛顿之前的物理学，已经有了许多独立的、貌似互不相关的物理定律：伽利略发现了惯性原理，还通过著名的比萨斜塔实验证实了自由落体所遵循的规律；开普勒在研究第谷留下的大量实验及观测资料的基础上，提出了行星运动三定律；惠更斯和胡克，当时在力学、光学等多个领域也都有所建树。然而，是牛顿第一个认识到这些零零落落的孤立定律之间深刻的内在联系。他将这些分散的“支流”汇总在一起，完成了物理学上的第一次理论统一。

与那些“孤立”定律不同的是，牛顿运动定律描述的是“所有”物体在力的作用下的运动规律。这里的物体，可以是地面上的沙粒，也可以是宇宙中的天体。牛顿用锋利的“奥卡姆剃刀”，将物体的大小、形状、质地、软硬之类不重要的具体性质通通砍去，只留下一个质量 m。因此，所有的物体都变成了一个质点，它们在力的作用下，都符合同样的运动规律。

场论的思想，始于麦克斯韦和法拉第的电磁场理论。法拉第在进行并记录了大量电磁实验的基础上，提出了“场”的概念。而精通数学的麦克斯韦，则希望用微分方程来描述和总结这些实验规律。最初，麦克斯韦面对着 20 多个方程式，其中包括由库仑、高斯、法拉第、安培等人研究总结的各种实验现象，还包括电介质的性质、各种电磁现象的规律等。麦克斯韦大刀阔斧地挥舞着“奥卡姆剃刀”，剃去了冗余重复的部分，再加上必要的新概念，最后将它们提炼简化为 4 个对称而漂亮的矢量方程式，将电、磁、光三者“统一”于一个经典场中。

后来，爱因斯坦的狭义相对论又将时间和空间的概念统一于一个四维的时空框架中。此时，时间和空间不再是绝对而单独的存在，而是通过洛伦兹变换互相联系在一起的整体。从狭义相对论的时空概念中能得到尺收缩、钟变慢的结论，这与以太中的洛伦兹理论得到的结论一致。那么，以太的“实体”于此是多余的，因此，它被爱因斯坦用“奥卡姆剃刀”无情地剃去了。爱因斯坦留下了两条他认为必要的实体：相对性原理和光速不变，并建立了狭义相对论。再后来，他又将相对性原理扩展，用等效原理把引力质量和惯性质量等同起来，将引力效应与时空几何统一起来，建立了广义相对论。

物理学的一次又一次进展，原来都是和一次又一次的“统一”联系在一起的，难怪爱因斯坦最后要将其半生的努力都献给了统一大业。

在爱因斯坦刚建立广义相对论的年代，弱相互作用和强相互作用尚未登场。爱因斯坦当时对前景的估计应该是颇为乐观的，他也许会想，电磁力和引力是如此相像：它们同样是远程起作用(从 20 世纪 30 年代开始，就有了对近程起作用的、现在称为“弱相互作用”的描述)，都符合距离的平方反比率，只要能将电磁力融入广义相对论的引力框架中，不就大功告成、统一起来了吗？

遗憾的是，爱因斯坦几十年大统一梦的努力最终以失败而告终。依现在笔者这样的马后炮观点看起来，爱因斯坦至少有两点错误：一是低估了万有引力“桀骜不驯”的本性，二是选错了道，想要用经典场论而不是量子场论来构建统一理论。也就是说，爱因斯坦忽略了更深入研究他自己参与创建的量子理论，也更忽略了量子理论后来几十年的发展。

当然，人们可能会说，从量子场论出发的这条统一之路不也仍然是困难重重，尚未打通吗？的确是这样，但是大多数的物理学家们认为这是一条正确的道路，也是一条无法回避的道路。试想，一个物理学的大统一理论可以不包括已经发展并被验证超过百年的量子理论吗？即使我们尚不知道这条道路的终点在何处，但坚持走下去必将在历史上留下痕迹，也许是弯曲迂回的痕迹，但将来仍然是“有迹可循”的。

当年，量子力学中有了薛定谔方程和海森伯的矩阵力学，万有引力有了爱因斯坦的场方程，电磁作用有了经典的麦克斯韦方程组。这三套马车在自己的大道上各行其是，的确应该将它们统一在一个单一的数学框架中，这是理论物理学家们喜欢玩的游戏。量子力学的诞生和引力的几何化是当年物理界让人震撼的两大革命；而经典电磁学则在成功地建立了麦克斯韦理论的基础上，正在忙忙碌碌地走向应用。它带来了数不清的专利和许多杰出的工程师，揭开了电气工程中辉煌的一页。对20世纪初期的物理学界而言，大多数理论都朝着完善和推广量子力学的方向发展。风云激荡的时势，造就了一个又一个的量子英雄，忙着把诺贝尔奖发给这些为诺贝尔以前闻所未闻的奇怪理论做出贡献的科学家们。与电磁和量子领域非凡热闹的气氛相比较，广义相对论便显得孤独多了，它在默默地等待着天文学中更精确的实验验证资料。

这三组理论并非全无关系，在解决具体物理问题时，有时候三者都需要考虑。但是，它们毕竟有各自的用武之地：量子理论适宜探索微观世界；广义相对论在宇宙学中长袖善舞；电磁理论则成功地服务于人类的衣食住行。还有一件人们不应该忘记的大事，是与物理学的两大革命密切相关的，那就是在1945年8月6日，于日本广岛爆炸的原子弹。这次爆炸伤及了十几万无辜的生命，造成的后患难以数计，并使爱因斯坦后悔当年上书罗斯福促成制造原子弹一事。尽管如此，当时原子弹的技术毕竟是被同盟国所掌握，它的爆炸加速了日本的投降和第二次世界大战的结束。否则，世界历史和中国历史也许都要被改写了。

从物理学史的观点来回顾20世纪初物理学界这两大革命理论，量子力学象征着现代物理的开始，而相对论则代表了经典理论的结束。爱因斯坦统一之梦失败的原因之一，恐怕正是他将经典的尾巴抓得太牢了，因而挡住了一部分他用于观察现代物理龙头的视线。爱因斯坦始终不能接受不确定性原理等不同于经典现象的量子规律，尽管他扮演的老顽固角色对量子力学的发展也起到了正面推动的作用。但是，参与反推和参与正推总是有所不同的。记得著名的物理学家、诺贝尔奖得主史蒂芬·温伯格对爱因斯坦曾经有过一句非常精辟的评论。其大意是说，爱因斯坦所犯的最大错误不是他自己认为的“在场方程中引入了宇宙常数”，而在于他成为了自己理论成就的“囚徒”。他痴迷于广义相对论的物理数学之美中，想用这个经典理论一统天下，包括统一他不接受的量子理论。但这在事实上是不可能的。

事实上，量子理论的出现是一场比广义相对论更为深刻的革命，因为它跳出了经典思想的牢笼，走出了一条不确定性和决定性融合在一起的现代物理之路。

一个成功的物理大统一理论必定要建立在量子理论的基础上。因此，本书第二篇中简要地叙述了量子物理的发展历史和基本概念，带领读者了解量子力学的创建过程，并从科学家的物理思想及趣闻轶事中，更深入探测微观世界，体会领略神奇的量子现象。

物理理论的建立少不了数学。为了理解物理中的统一理论，一定的数学知识是必要的。实际上，理论物理和数学互相渗透、融合在一起，彼此促进、相辅相成。在本书中，笔者尽量避免写出数学公式，而是代之以通俗的语言，用来描述艰深的数学概念，诸如群论、李群、李代数、对称、守恒、生成元、对称性自发破缺等。

世界的本源是什么？这是从希腊时代开始，哲学家和科学家们就不停追溯和思考的难题。对此类问题的探索关系到两个方面：构成物质的基本砖块有哪些？这些砖块之间的作用力又有哪些？说穿了，物理学中寻求的统一理论的本质，就是要寻求统一这些基本砖块及其相互作用的理论。大家在中学物理及化学中，已经接触过的分子结构、原子模型、质子、中子、电子，以及元素周期表等，是在原子(分子)层次的统一理论。然而，随着科学技术的发展进步，人类对物质本源的认识已经深入到更下一个层次。科学家们制造了大型加速器，利用快速运动粒子之间的碰撞来产生新粒子，也从浩瀚无边的宇宙中发现和捕获未知粒子。清点各种粒子后，我们知道其种类已经有好几百种。这其中，哪些算是“基本”的？哪些是由基本粒子构成的？如何将粒子动物园中的各种“动物”分门别类？这是本书在第四篇中将介绍的内容。

物理学家们从20世纪80年代开始建立的“标准模型”，是统一路上的一个重要成果。标准模型建立在杨-米尔斯规范场论的基础上，将目前物理实验能量能够达到的微观世界最小层次的物质结构和相互作用，统一于61种基本粒子。该理论所预言的多种粒子在实验中均被陆续发现，2012年最后发现的希格斯粒子，为这个理论贴上了一个醒目的标签。本书第五篇，便在叙述杨-米尔斯理论的基础上，简单介绍标准模型。

一波未平，一波又起。现有的基本粒子尚未被统一，宇宙学的领域又传来了新的信息。原来我们能探测到的物质种类只占宇宙中所有物质成分的4.9%，其余的属于我们对其性质几乎完全无知的暗物质和暗能量。这些“暗货”到底是些什么？如何将它们统一在我们的物理理论中？天文学和宇宙学的实验观察数据，既给我们提出了挑战，也有可能向我们展现了克服困难的玄机。笔者在第六篇中，探索在大爆炸开始的短暂时刻，4种相互作用如何分离。微观和宇观的结合，是否能为物理学的统一之路开辟新的捷径？

尽管标准模型取得了一定的成功，但它与少量的实验结果也有不相符合的情况。并且，它将引力抛弃在外，因此人们并不认为它能够作为将来所谓“终极理论”的候选者。那么，除了标准模型之外，还有哪些主要的理论呢？物理学家为了统一引力，做了哪些努力？统一大业将何去何从？在本书的最后几节，笔者将对弦论、M理论、引力量子化、弦网等略作介绍。

20世纪初物理界的两场革命，带给了我们相对论和量子理论。如今，物理学需要新一轮的革命，将两者结合统一在一起。这种微观和宇观的统一，是否能为物理学以及其他科学的统一之路，开辟出一条新的路径？相信科学家们将继续努力，让我们期待欣赏大自然更高一层次的“简约之美”！

爱因斯坦三十年如一日的统一梦，即使未成正果，也精神可嘉。他留给后人的遗产，有前半生大胆创建物理理论的思想光辉，也有后半生百折不挠、追求统一的奋斗精神。爱因斯坦超人的物理直觉和对数学思想的异常敏感，将他造就成了一代伟人。

在后半生探索统一场论的过程中，爱因斯坦对物理和数学的观念发生了一些微妙的变化。或许是因为黎曼几何之于引力理论的重要性给他的冲击太大，印象太深刻了；也有可能是他对自己的物理直觉太过于自信了，以为不需要多想，那种直觉自然而然就在那里。总之，在后来几十年的研究中，他似乎不再像原来建立两个相对论时那样深究物理概念，提出革命思想，转而试图以几何为出发点来将广义相对论拓展到电磁场。可是很遗憾，这种从数学走向物理的想法没有使他再获成功。

爱因斯坦太钟爱广义相对论、抵制量子论，以致他在1950年评价物理学领域中的成果时说："基础物理理论需要一开始就在基本概念上与广义相对论一致，否则在我看来都是注定会失败的。"可惜爱因斯坦这次的预言不准确。如今，不知远在天国的他是已经注意到量子理论这几十年的成功，还是仍然像1950年那样，为量子理论与广义相对论的水火不容而耿耿于怀。

种种说不清的原因，使得爱因斯坦在最后三十余年中的科学努力似乎一无所获，没有得到什么对现代物理研究来说值得一提的成果。但不可否认，爱因斯坦是一个伟人。如今100多年过去了，他的许多理论我们仍在使用。然而他的巨大的身影，与他坚持不懈的经典统一梦，却都渐行渐远，慢慢地消失在无情的历史岁月里。

物理学家对统一理论的追求，只不过表明了探索大自然更深一层秘密的愿望和决心。有谁会真正相信，用一个"万能公式"或是一个"万有理论"，就解决了所有的问题呢？求统一的过程中发现更多的多元化和"不统一"，在不统一的世界中又不断显现共同的、统一的特征。爱因斯坦的统一梦后继有人，统一之路永无止境！

第一篇

从牛顿到爱因斯坦

从牛顿开始，物理学家们就做起了统一梦，爱因斯坦更为此花费了后半生数十年的时间和心血……

1.
统一路上话牛顿

回头看历史，伊萨克·牛顿(Isaac Newton，1643—1727)创立的经典力学无疑是物理史上第一片追求“统一”的港湾。

牛顿有过如此一段名言：“将简单的事情考虑复杂，可以发现新领域；把复杂的现象看得简单，可以发现新规律。”这句话描述了牛顿做物理和数学的基本思想方法，前一段说的是科研中的具体过程，后一段则代表了他对物理理论规律追求“统一”的奥卡姆剃刀原则。牛顿是这么说的，也是这么做的。牛顿发明微积分是前者，总结、建立运动定律及万有引力定律则是后者。

牛顿出生于普通农家，是个身体羸弱的早产儿。少年时代的牛顿，也似乎并未表现出现代人眼中的“天才”或“神童”的特质。他自幼丧父、母亲改嫁，资质一般、成绩平平。但谁也没有预料到，这个不起眼的小家伙，后来居然会成为科学界的一代巨匠。

中学毕业后，母亲让牛顿在家务农，以便养家糊口。但牛顿志不在此，他喜欢读书和钻研数学问题，还不时别出心裁地搞点小发明。他的一位舅父发现牛顿对科学的浓厚兴趣，因而说服他的母亲，没有让他继续务农。在19岁时，牛顿考上了著名的剑桥大学三一学院。舅父的这个偶然建议使牛顿进入物理学的领域一展宏图。

牛顿从剑桥大学毕业后的那一年半是牛顿科研生涯中的“奇迹时期”。1665年5月，蔓延伦敦的瘟疫迫使剑桥大学关门，牛顿只好回到乡下的老家居住。这段时间是牛顿精力旺盛、思绪联翩，最富创造力的一段黄金岁月。在短短的18个月内，他思考数学问题、进行光学实验、计算星体轨道、探索引力之谜……牛顿生平最重要的几项成就，都在这一年半的时间内初现雏形[1-2]。

首先，牛顿思考了二项式展开的问题。当时的数学前辈笛卡儿对牛顿的数学思想影响很大。但在这个二项式展开的问题上，笛卡儿的想法很奇怪，他认为这没有什么可想的，展开后的项数好像有无穷多，太复杂了，但人的大脑是有限的，不应该去思考这种与无穷有关的复杂问题。二项式的表达式多么简单，为什么要将它展开成复杂而无穷的多项式呢？可牛顿却偏偏迷上了这个由无穷多项求和的复杂概念。这个概念又引导牛顿进一步思考无限细分下去而得到的无穷小量的问题。他将这无穷小量称为“极微量”，也就是现在我们所说的“微分”。牛顿用他的无穷小量的方法，对几何图形进行了很多详细的思考和繁复的计算，他曾经将双曲线之下图形的面积算到 250 个数值。正是这种不畏艰难的精神和进行繁复计算的超人能力，使牛顿最后发明了微积分，为数学、物理乃至其他所有的科学技术，开拓了一片崭新的领域！

在这段时期内，牛顿用三棱镜做各种光学实验，研究颜色的理论。此外，他对引力问题的钻研也颇有成效。有关苹果砸到头上的故事据说也就发生于此。苹果未必真正击中了牛顿的脑袋，但苹果朝下落而不往上飞的事实肯定给了牛顿启发。为什么是往下掉呢？不仅仅是苹果，周围的一切物体都往下掉。那么，一定是地球在吸引它们。如果地球吸引所有的物体，也吸引天上的月亮吗？地球对月亮也应该有吸引力，但是月亮为什么不掉下来呢？对了，牛顿想，月亮虽然不掉到地上，但是月亮也没有从地球附近跑开，而是在地球周围绕圈圈，不停地做圆周运动。荷兰物理学家惠更斯（Huygens，1629—1695）研究过这个问题，他认为圆周运动也需要“力”来维持，就像孩子们用绳子绑着石头转圈的情形一样，绳子对石头的牵引力维持着石头的圆周运动。因此，地球对月亮的吸引力维持着月亮绕地球的圆周运动。

惠更斯虽然认识到圆周运动需要向心力，但却不知道月亮绕地球转动的向心力来自何处。将吸引苹果下落的力与吸引月球绕地球转动的力归纳为同一种力，继而扩展到所有的物体之间都存在这种相互作用力，是牛顿建立万有引力过程中，思想上的一次大突破、大统一。

一年半过去了，瘟疫的情况有所缓解，牛顿便带着他数月思考的成果回到了剑桥大学。他迅速地被授予了硕士学位，成为了一名教授。牛顿的才能得到了剑桥大学物理学家伊萨克·巴罗的高度赞赏。为了使牛顿有安定优越的科研环境，巴罗还辞去了自己的教授一职，让贤于牛顿。此举在科学史上被传为一段佳话。

当时还有另外一位英国物理学家，比牛顿大8岁的罗伯特·胡克(Robert Hooke，1635—1703)也对引力进行了多年的研究。胡克后来被科学史学家们公认为是引力平方反比律的发现者。据说胡克和牛顿曾经以通信方式讨论过万有引力，胡克在信中提到他的许多想法，包括平方反比定律。但胡克不擅长数学，不知道如何利用平方反比定律来计算轨道。牛顿得益于他创建的强大数学工具——微积分，最终解释了开普勒有关行星轨道的结论，发现了万有引力定律。

在牛顿之前的天文学家和物理学家，对力学已经有了很多理论和实验。然而，是牛顿第一个从这些孤立定律中找出了它们的内在联系。他将伽利略的惯性原理总结成牛顿第一运动定律，首先定义了不受外力作用的惯性参考系。然后，再将“惯性”的概念推广到外力不为零的情形，提出非零的力将使物体产生非零的加速度。这个加速度与外力成正比，与物体内在的物理性质——惯性质量成反比。因此，牛顿第二运动定律将力、加速度、惯性质量三者之间的关系，总结、统一在一个简单的数学公式($F=ma$)中，迈出了将运动学发展为动力学的关键一步，发现了物体在力的作用下的运动规律。接着，牛顿又在第三运动定律中，提出任何力都是成双出现的，称为“作用与反作用”，这两个力总是大小相等、方向相反。

牛顿三大定律所描述的是所有物体，在“任何”形式的力的作用下的运动规律。这里的物体，可以是地面上的沙粒，也可以是宇宙中的天体，这些大大小小的物体在力的作用下都符合同样的运动规律。

伟大的科学家多少都有些古怪。牛顿成名之后，在某些方面表现得恃才自傲、专横跋扈，与多位物理学家频起纠纷：和莱布尼茨争夺微积分的发明权，对胡克的打压更是过分。牛顿对光学有杰出的贡献，与胡克最早的争论也是起源于光学。

牛顿主张光的"微粒说"，胡克和惠更斯则坚持波动说。本来这只是不同观点的学术之争，但因为胡克早期在皇家学会光学讨论会上曾经对此争论有过一些尖锐言辞，当时就使牛顿勃然大怒，从此对胡克充满敌意。后来，牛顿利用他显赫的地位，打压得胡克一生都抬不起头，最后变得愤世嫉俗，郁闷而死。牛顿还出版了《光学》一书，由于他的权威性，这个光微粒的概念统治物理界100多年，直到后来由于菲涅尔的工作，光的波动说才重见天日。从这个角度看，牛顿在物理理论的统一之路上既有推波助澜的正向作用力，也有逆向的反作用力。根据现在的物理学观点，光既有微粒性，也有波动性，它们是光学理论中不可或缺的两个方面。

牛顿晚年的思想就更令人捉摸不透了。他将研究目标转向神学，将理性思维代之以对上帝的膜拜，对炼金术的寻求取代了少年时代痴迷的科学实验。最后，牛顿以85岁的高龄逝世。

无论如何，正如牛顿的墓碑上所写的："人类应该欢呼，地球上曾经存在过这样一位伟大的人类之光。"他的确是人类之光，他也是物理学统一路上的第一人。

2.
法拉第和麦克斯韦的忘年交

不同于牛顿的争名夺利，英国物理学家米歇尔·法拉第（Michael Faraday，1791—1867）是一位令人可敬的谦谦君子。

法拉第和牛顿也有相似之处，他们都出身贫寒。牛顿因舅父发现他的科学兴趣和才能，得以上了大学，而法拉第则没有受到正式教育，完全靠自学成才。法拉第的数学仅限于简单的代数，连三角函数都不熟悉。

当时的英国皇家学会会长，是鼎鼎有名的汉弗里·戴维爵士。戴维被誉为"无机化学之父"，是发现化学元素种类最多的科学家。法拉第因为在打工之余去听皇家学会的科学演讲而被戴维发现他的才能并被聘为助手。法拉第对戴维的这段提携之情终身不忘，尽管戴维后来对法拉第并不友好，特别是法拉第的科学成就及其在物理界的威望超过了戴维，这更是激发了戴维强烈的嫉妒心。戴维借助于自己的威望和权力，打压法拉第，多次阻止他成为皇家学会的会员。事实上，即使是在当年，戴维也是将法拉第当作助手和仆人来使唤的。当戴维带着法拉第到各地旅游时，戴维的夫人更是摆出贵族的架子，对法拉第颐指气使。但是，法拉第对戴维不计前嫌，始终评价戴维是一个伟大的人。戴维或许终于被感动，或许只是良心发现。在他逝世的前几年，疾病缠身之时，他提名推荐法拉第担任皇家学院实验室主任一职。在戴维临终时，别人问及什么是他一生中最重要的发现时，他没有列举周期表里那些被他发现的元素，而是自豪地说："我最伟大的发现是发现了法拉第！"

不过，在法拉第与戴维关系的问题上，法拉第也有过一次不智之举。在1821年，戴维对奥斯特发现的电磁现象感兴趣，试图与另一位物理学家渥拉斯顿一起，进行一个类似“电动马达”的实验，但一直没有成功。法拉第不时参与两人的讨论，并且逐渐形成了自己的想法，他独自建造了两个装置且成功地产生了导线绕着磁铁旋转的“电磁转动”现象。法拉第的方法完全不同于戴维和渥拉斯顿的方法，但他犯了一个错误：他独自发表了这项研究成果，因而得罪了戴维和渥拉斯顿。也许这就使戴维从此对法拉第有了偏见，他很长时间不让法拉第进行电磁学研究，而派他去做光学玻璃实验。

不过，法拉第对戴维的感激之情贯穿其一生且是真诚的。实际上，我们也应该感谢戴维，如果不是他“发现”了法拉第并将他带进科学的殿堂，人类对电磁规律的发现和应用，也许要被推后数年。

戴维去世后，法拉第犹如一匹没有了羁绊的脱缰之马，得以继续他喜爱的电磁学研究。他夜以继日地进行了大量的实验，并将平生的心血总结汇编在三卷《电学实验研究》中。这本书中有3000多个条目，详细记载了法拉第做过的实验和结论。

法拉第不仅是一位杰出的实验物理学家，而且他对电磁理论问题的思考方式也独树一帜，直到现在也能对我们有所启发。牛顿经典力学中的“力”是一种超距作用。地球吸引月亮，遥隔几十万千米，这个作用力是如何传递过去的？其中的空间起着什么作用？没有人在乎这个问题，只要有公式算出了月亮精确的轨道，大家就满足了。而法拉第在研究电场和磁场时使用了不同的构思。他在电荷和磁铁周围的纸上，画上了密密麻麻的电力线和磁力线，并且用充分的想象将它们延续扩展到全空间。他认为这些力线是真实存在的，就像能够伸缩、具有弹性的橡皮筋一样，可以把两个互相作用的电荷联系在一起。现在看起来，法拉第的力线思想实际上就是现代物理中“场”的概念，他是最早认识到相互作用应该通过“场”来实现的物理学家。

法拉第虽然学历不高，但擅长言辞，能用精辟、简练的语言解释物理概念。他在英国皇家研究院组织发起的面向公众的系列讲座一直延续至今。1846年4月3日，法拉第原本邀请了一位名为惠斯通的教授做这天的讲座报告。惠斯通得出了一些有关导线中电流速度之类的有趣结果，但惠斯通害怕在公众场合演讲，因为恐惧而临阵脱逃。当时的法拉第只好自己上台做了一个无准备的即兴演讲。也就是因为没有预先考虑那么多，法拉第任思绪自由驰骋，侃侃而谈，谈到了不少对光和电磁理论不同寻常的看法。其中最富想象力的，是惊人地预见了光的电磁理论。法拉第认为空间中充满了电力线和磁力线[图 1-2-1(a)]，光很可能就是这些力线的某种横向弹性振动所产生的。这次演讲中，法拉第的大胆推测震惊四座，但却没有人听懂他在说些什么。法拉第的思想太超前了，它在等待另一位大师的到来。

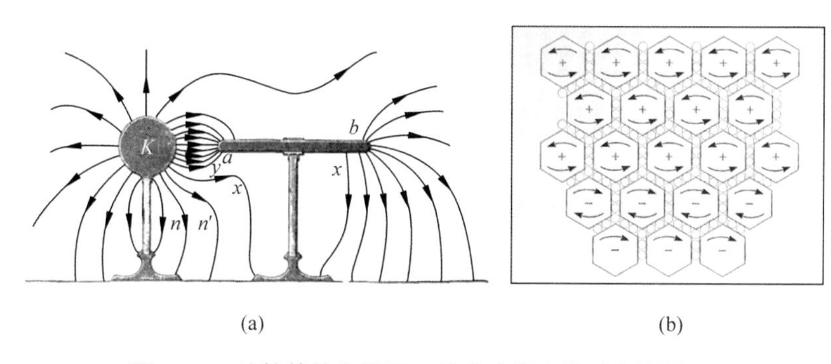

(a)　　(b)

图 1-2-1　法拉第的力线图(a)和麦克斯韦的以太模型(b)

詹姆斯·克拉克·麦克斯韦(James Clerk Maxwell，1831—1879)出身贵族，从小受到良好的教育，擅长数学。当 40 岁的法拉第已经做了一大堆电磁实验，提出了著名的电磁感应定理之时，麦克斯韦才在苏格兰首府爱丁堡呱呱落地。30 年之后，年轻的麦克斯韦和老迈的法拉第结成了忘年之交，共同建造了“电磁王国”。

1860 年左右，麦克斯韦来到伦敦的国王学院执教，他经常出席皇家科学研究院的公众讲座，并与法拉第进行定期交流。麦克斯韦和法拉第，他们的友谊及合作本身就是一种奇妙的“统一”：他们的年龄相差 40 岁，一老一少，两人有完全不同的人生经历。法拉第出自寒门，是自学成才的实验高手；麦克斯韦身为贵族，是不懂实验的数学天才。然而他们互相敬重彼此的才能，共同打造出了完全不同于牛顿力学的经典电磁理论的宏伟体系。

早在来到伦敦之前，麦克斯韦就已经对法拉第的力线图像感兴趣，他用不可压缩的匀速流体来类比电力线和磁力线，用流体的速度和方向代表空间中力线的密度和方向。与法拉第深入交流合作之后，法拉第将电磁现象视为“场”作用的观点更是深深地影响了麦克斯韦。如何为这种“场”作用建立一个适当的数学模型？这个问题经常在麦克斯韦的脑海中萦绕。

为了解释法拉第的力线图景和“场论”思想，麦克斯韦试图借助于以太模型。不过，后来证明，麦克斯韦方程组描述的电磁理论完全不需要以太的存在，电磁场本身就是一种物质，不需要任何介质就可以在真空中传播。但从历史角度看，当时的麦克斯韦对以太的力学模型进行了很深入的研究，他的理论最原始的形式就是建立在“以太”的基础上。麦克斯韦的“力学以太”模型实际上是半以太、半介质的混合物。

“以太”的概念在古希腊时就被提出来了，之后由笛卡儿将其科学化。到了17世纪的牛顿时代，无论是提倡波动说的惠更斯，还是坚持微粒说的牛顿，都认为以太充满整个宇宙，是传播光的承载物。因而，以太的存在成为人们心中根深蒂固的概念。麦克斯韦也一样，对以太坚信不疑，只不过他为了建立电磁场的数学模型需要对以太赋予适当的力学性质。因此，麦克斯韦想象空间里充满了小球，这些小球类似现代可以旋转的轴承，它们被更小的粒子(轴承之间的钢珠)隔开，如图1-2-1(b)所示。这些小球有很小的质量和一定的弹性，小球的变化将互相影响。麦克斯韦在这种“以太”的力学性质的基础上，提出了位移电流的概念，并成功地将电学、磁学中的库仑、法拉第、安培等定律，归纳总结为麦克斯韦微分方程组。

根据麦克斯韦的电磁理论，电荷之间的相互作用通过空间中的电场 $\boldsymbol{E}$ 和磁场 $\boldsymbol{H}$ 起作用，见图1-2-2。麦克斯韦用4个形式对称的微分方程描述了电场和磁场的性质，以及它们之间的关系。电场 $\boldsymbol{E}$ 和磁场 $\boldsymbol{H}$ 都是三维空间中的矢量场，所谓“场”的意思就是说，物理量是空间位置的函数，每一个点都有不同的函数值。电场 $\boldsymbol{E}$ 和磁场 $\boldsymbol{H}$ 对应于电力和磁力，由于力是一个矢量，所以电场和磁场都是矢量场，它们在空间中每一个点都有3个分量，一共有6个分量。

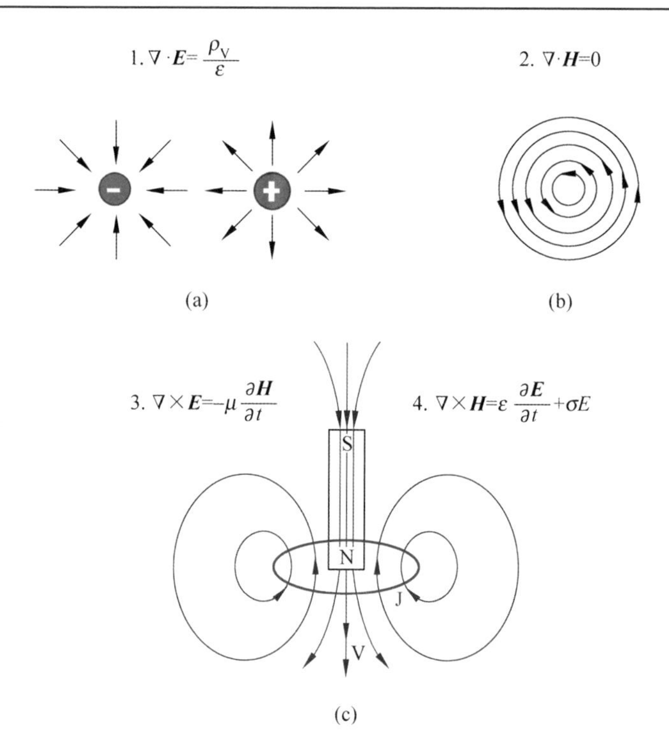

图 1-2-2　麦克斯韦方程统一了光、电、磁的理论

(a) 电场散度不为零；(b) 磁场散度为零；(c) 磁场变化产生电场(左)；电场变化产生磁场(右)

矢量场在空间的变化情形可以用“散度”和“旋度”来描述。以水流作类比，“散度”和“旋度”有非常直观的几何图像。水从水源向外流，汇聚到下水道。因此，在水源和下水道附近，水流的流线是“发散”或“汇聚”的，表明散度不为零(有源场)。这种情形类似于电荷附近的电场，如图 1-2-2(a)所示，电力线从正电荷散出，汇聚到负电荷，因而电场的散度不为零，且正比于电荷密度 ρ_V。如图 1-2-2(a)中的公式 1 所示，这是麦克斯韦的第一个方程。

因为这个世界上有电荷，但没有磁荷，所以磁场和电场不一样。磁铁的南极和北极是无法分开的，即使你将一个磁体断成两截，你得到的也是两个磁体，却得不到单独存在的磁极。磁力线都是封闭的圈圈线，这说明磁场是无源场。所以，磁场的散度为零，如图 1-2-2(b)所示，图 1-2-2(b)中的公式 2 是麦克斯韦的第二个方程。

图 1-2-2(c)所描述的，则是电场和磁场的旋度。旋度的几何图像可以比喻为水流中的涡旋。图 1-2-2(c)中的公式 3 是麦克斯韦的第三个方程：磁场对时间的变化率，等于电场的旋度；图 1-2-2(c)中的公式 4 是麦克斯韦的第四个方程，说的则是电场对时间的变化率，等于磁场的旋度。两个方程的说法是对称的，描述了电场磁场之间的联系：变化的电场产生磁场，变化的磁场产生电场。

经典电磁理论最令人兴奋的成果就是预言了电磁波的存在，为法拉第在那场即兴演讲中的大胆推测找到了理论根据。遗憾的是，当时的法拉第已经太老了，没能用实验证实电磁波的存在。在麦克斯韦预言电磁波的两年之后，法拉第就去世了。麦克斯韦自己呢，也只活了 48 岁，没能等到电磁波的实验证实。

第一次用实验观察到电磁波的人，是发现了光电效应的海因里希·赫兹，时间则是在 1887 年，麦克斯韦逝世 8 年之后。如今，麦克斯韦方程建立了近 150 年，电磁波漫天飞舞，携带着数不清的信息，让这个世界热闹非凡。

3. 时间、空间成一统

19 世纪末，牛顿力学和麦克斯韦电磁理论这两座大厦一统天下、高耸入云。人们乐滋滋地以为物理学家们从此再无大事可干，只需要对这两种理论修修补补即可。没想到上帝并没有闲着，他在暗地里进行着下一步的工作，逐渐在基础物理学晴朗的天空上积累起两朵乌云。不过这时候，爱因斯坦已经来到人间，而且正在接受教育，准备挑战前辈建立的经典基础物理学。

这两朵小乌云各有来头，都是来自实验物理学家的功劳，都与“光”有关。第一朵乌云来自“迈克耳孙-莫雷实验”，与上一节中介绍的光的波动理论中“以太”说有关。第二朵乌云来自黑体辐射实验结果中的“紫外灾难”，与光的辐射性质有关。

阿尔伯特·爱因斯坦（Albert Einstein，1879—1955）生逢其时，又有两位难得的数学界朋友的帮助。天时、地利、人和，造就了一代伟人。这两位数学家，一位是他的老师闵可夫斯基，一位是他的同学格罗斯曼。开始时老师并不看好这个经常逃课的“懒狗”学生，但当爱因斯坦建立狭义相对论之后，闵可夫斯基却成了一名对相对论极其热心的数学家。他在 1907 年提出的四维时空概念，成为相对论最重要的数学基础之一。不幸的是，闵可夫斯基 45 岁时就因急性阑尾炎抢救无效而去世。据说他临死前大发感慨，说自己在相对论刚开始的年代就死去，实在太划不来了。

爱因斯坦的数学家同学格罗斯曼，则在 3 个关键场合帮助了爱因斯坦：一是在大学时代，是格罗斯曼完整的课堂笔记成为爱因斯坦每次考试的救命稻草；二是爱因斯坦大学毕业后，找不到好工作，靠格罗斯曼父亲的关系到瑞士专利局当职员；三是将黎曼几何介绍给爱因斯坦，使他如获至宝般地用这个强大的数学工具顺利地建立了广义相对论。

与黑体辐射有关的第二朵乌云，首先被德国物理学家普朗克拨动。之后，爱因斯坦用光量子的概念成功地解释了光电效应，为其赢得了1921年的诺贝尔物理学奖。量子理论由此开始发迹，我们将在第二篇中详细介绍。

爱因斯坦感兴趣的是与光线传播性质有关的第一片乌云。光，是大自然展示给人类的最古老的现象之一，但也是延续几千年、至今尚未完全破解的物理之谜。

与光传播有关的问题，从少年时代就困惑着爱因斯坦。1895年，16岁的爱因斯坦踏进了中学的大门。那时候，法拉第和麦克斯韦都早已仙逝，但他们有关光和电磁波的理论却深入爱因斯坦的心里。这个16岁少年的脑海中经常琢磨着一个深奥的"追光"问题，用现代物理学的语言来说，爱因斯坦想象了一个如下的思想实验：光是一种电磁波，以大约300 000km/s的速度向前"跑"，那么如果我以和光相同的速度去追赶一束光，将会看见什么情景呢？

根据麦克斯韦理论，变化的电场产生变化的磁场，变化的磁场又产生变化的电场，如此循环往复下去，便产生了电磁波，或者说产生了光。但是，少年爱因斯坦想，如果我的速度和光一样快的话，我看到的应该是一个静止而不是变化的电场（或磁场）。那么，没有了变化的电场，便不会产生变化的磁场（或电场），便产生不了光，便没有了光。光怎么会因为我追着它跑就消失了呢？所以，爱因斯坦认为，这个"追光"的思想实验是一个不可能发生的悖论。也就是说，观察者不可能以和光线一样的速度运动！

10年的时光很快就过去了，16岁的中学生已经大学毕业，并且成了专利局的一名普通小职员。但是，"光"给他带来的困惑，在脑海中一直挥之不去。这位专利局小职员在思考着物理学的大问题，也注意到了与光的传播理论相关的，物理学天空上出现的"乌云"：迈克耳孙-莫雷实验。

法拉第和麦克斯韦建立的经典电磁理论将光解释为一种在以太中传播的电磁波。"以太"的概念带给物理学家许多新问题。首先，如果承认以太存在，就应该有一个相对于以太静止的参考系。这个参考系应该位于宇宙中的哪里呢？由此，人们不由得想起了早年的地心说和日心说，相信地心说的人会认为以太相对于地球静止；相信日心说的人会认为以太相对于太阳静止。而后来的宇宙图景告诉我们，地球和太阳都不是宇宙的中心，宇宙根本没有什么中心。那么，哪一个参考系有资格作为相对于以太静止的"绝对"参考系呢？实际上，根据伽利略提出的"相对性原理"，这样的"绝对"参考系不存在。

物理定律不应该依赖于观测者所在的参考系，这是物理理论"统一"之路的三个基本目标之一。根据伽利略的相对性原理，物理规律应该在伽利略变换下保持不变，牛顿的经典力学满足这一点，但麦克斯韦的电磁理论却不具有这种协变性。麦克斯韦方程只在一个特别的、绝对的惯性参考系中才能成立，这就是被称为"以太"的参考系。

退一步说，如果假设存在一个"以太"参考系，那么，在相对于以太运动的参考系中，就应该能够探测到"以太风"的效应。比如说，地球以 30km/s 的速度绕太阳运动，在其运动轨道的不同地点，就应该测量到不同方向的"以太风"。"迈克耳孙-莫雷实验"便是为了观测"以太风"而进行的。

然而，这个实验却得到了一个"零结果"，也就是说没有探测到任何地球相对于以太运动所引起的光速的变化。

为了调解电磁理论与相对性原理的矛盾，荷兰物理学家亨德里克·安东·洛伦兹（Hendrik Antoon Lorentz，1853—1928）在仍然承认以太的前提下，对伽利略变换进行了修正。在伽利略变换中，空间的变化与时间无关，并且空间中的弧长是不变的。比如说，有一根棍子，无论它运动还是不运动，它的长度都不会改变。但洛伦兹设想，如果这根棍子相对于以太运动的话，也许受到了以太施予其上的某种作用而使它的长度变短。于是，洛伦兹在相对于以太运动的伽利略变换中加上了一个在运动方向的长度收缩效应。这样做的结果，正好抵消了原来设想的相对于以太不同方向上运动而产生的光速差异。如此一来，洛伦兹用他的新变换公式（洛伦兹变换），轻而易举地解释了迈克耳孙-莫雷实验的"零结果"。

长度会变短多少呢？洛伦兹意识到，在这个问题上光速起着重要的作用，因而缩短因子应该与运动坐标系的速度与光速的比值 β（$\beta = \boldsymbol{v}/\boldsymbol{c}$）有关。

爱因斯坦看中了洛伦兹变换，却认为应该赋予它更为合理的物理解释。因此，爱因斯坦摒弃了以太的概念，因为它与相对性原理不相容。爱因斯坦从物理本质上重新考虑了时间和空间的定义，发现不假设以太的存在时仍然能够得到洛伦兹变换。最后，爱因斯坦用没有以太的洛伦兹变换统一了时间和空间，用狭义相对论统一了相对性原理和麦克斯韦方程。这是物理理论统一路上的重要一步。

狭义相对论基于两个基本原理：一个是相对性原理，另一个是光速不变原理。认为光速在真空中的数值对任何惯性坐标系都是一样的，并且光速是宇宙中传递能量和信息的最大速度，质量不为零的任何物体的速度只能无限接近光速，不能达到或超过光速。这个结论，是爱因斯坦从 16 岁开始就暗暗认识到而且深藏于心的物理规律。

4.
惯性、引力、流形与几何

爱因斯坦很快发现了狭义相对论的不足之处，问题是其中的相对性原理只对于互相做匀速直线运动的惯性参考系成立。物理规律为什么对惯性参考系和非惯性参考系表现不一样呢？惯性参考系似乎仍然具有特殊性，这不符合爱因斯坦所信奉的马赫原理，因而原来的相对性原理概念需要扩展到非惯性参考系。

爱因斯坦认为，不仅速度是相对的，加速度也应该是相对的。非惯性系中物体所受的与加速度有关的惯性力，本质上是一种引力的表现。因此，引力和惯性力可以统一起来。

类似于16岁时思考的“追光”问题，爱因斯坦又想到了另一个思想实验：如果我和“自由落体”一样地下落，会有些什么样的感觉？追光实验是个悖论，因为它描述的情况不可能发生。而自由落体实验在现实生活中有可能发生，比如说，设想电梯的缆绳突然断了，电梯立刻变成了自由落体，其中的人会有什么感觉？这个问题如今不难回答，那就是在许多游乐场大型游乐设施中可以体验到的“失重”感觉。因为那时候，电梯中的人将以 9.8m/s^2 的加速度向下运动。这个加速度正好抵消了重力，因而使我们感觉失重。

加速度可以抵消重力的事实说明它们之间有所关联。加速度的大小由物体的惯性质量 m_i 决定，重力的大小由物体的引力质量 m_g 决定。由此，爱因斯坦将惯性质量 m_i 和引力质量 m_g 统一起来，认为它们本质上是同一个东西，并由此而提出等效原理。爱因斯坦猜想，等效原理将提供一把解开惯性和引力之谜的“钥匙”。

爱因斯坦的思想实验也可以用图 1-4-1 的例子来说明。

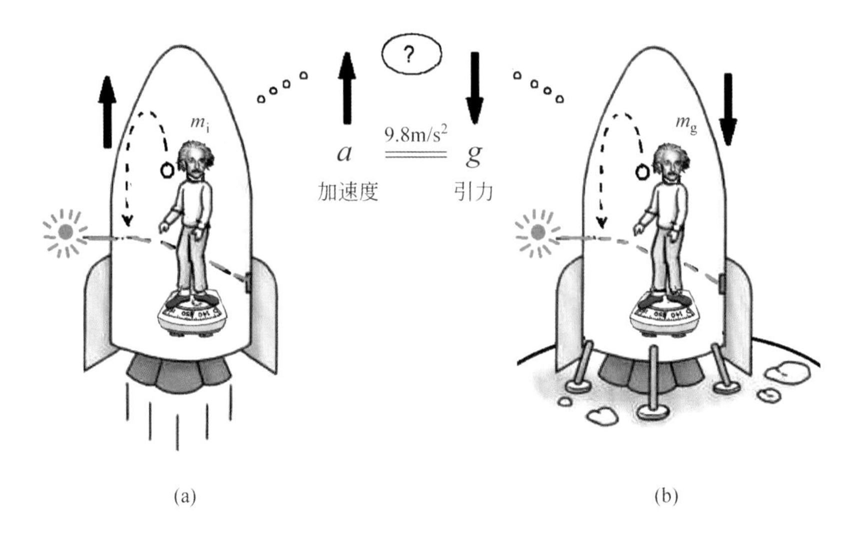

图 1-4-1　爱因斯坦说明等效原理的思想实验

(a) 太空中；(b) 地球上

图 1-4-1 所示的是站在宇宙飞船中的人。设想宇宙飞船的两种不同情况：图 1-4-1(a)中，宇宙飞船在太空中以加速度 $a=9.8\text{m/s}^2$ 上升，太空中没有重力；图 1-4-1(b)中的太空船静止于地球表面，其中的人和物都应感受到地球的重力，其重力加速度 $g=9.8\text{m/s}^2$。两种情形下的加速度数值相等，但一个是推动飞船运行的牵引力产生的加速度，方向向上；另一个是地球表面的重力加速度，方向向下。如果引力质量和惯性质量相等的话，飞船中的观察者应该感觉不出这两种情形有任何区别。所有物理定律的观察效应在这两个系统中都是完全一样的。包括人的体重、上抛小球的抛物线运动规律、光线的偏转等。

等效原理揭示了引力与其他力在本质上的不同之处。引力系统可与加速度系统等效，似乎可以用变换"参考系"的方法来将其"抵消"掉！这是电磁力没有的性质。不过，爱因斯坦也注意到，对于引力分布的真实情况，这种"抵消"实际上是做不到的。上述爱因斯坦的思想实验中，图 1-4-1(b)描述的是均匀的重力场，它等效于做匀加速运动的太空船。但是，均匀重力场在宇宙中并不存在。电磁力的情形不同，因为电磁作用只存在于带电物体之间，我们可以通过安排电荷的分布情形来人为造出均匀的电场，如平板电容器两个极板之间的电场就几乎是均匀的。但任何物体之间都存在引力，引力场的分布情形由物质的分布情形决定。比如说，大多数天体都是如地球一样的球形，它周围空间的引力场呈球对称分布，不可能用任何匀加速运动的参考系来抵消。如果把所有这样的天体附近的引力场都共同考虑，整个宇宙的引力图像便会异常复杂。

只有在地球表面附近，离开地球很小的范围内，引力才可以近似为一个均匀场。而整个宇宙空间的引力场则是分布极不均匀，非常复杂的。爱因斯坦试图找到一种数学模型来描述与引力场分布相关的这种复杂的宇宙图景，但苦苦思索了七八年也没有想出个名堂来。直到后来，他又去请教他的好朋友，数学家格罗斯曼。格罗斯曼曾经多次帮助过爱因斯坦。这时的格罗斯曼已经成为苏黎世联邦理工学院的全职教授。他研究画法几何，所以熟悉黎曼几何。于是他便告诉爱因斯坦，他需要的数学模型，黎曼在 50 年前就已经发明出来了。格罗斯曼还将当时几个有名的数学家：克里斯托费尔、里奇、列维・奇维塔，以及他们发展、完成的张量理论和绝对微分学等介绍给爱因斯坦。

黎曼几何描述的是任意形状的 n 维“流形”。粗略地说，二维流形的概念可以用三维空间中的曲面图像来直观地理解。对高于二维的流形，就很难有直观几何图像了。但二维曲面能使我们了解流形的许多特征。

流形有其复杂的“内蕴”几何性质，用内蕴曲率来表征。流形上每一点的内蕴曲率可以各不相同，或 0、或正、或负，如图 1-4-2 所示。内蕴曲率为 0 的流形的几何比较简单，是平坦的欧几里得几何。这种几何最典型的性质是三角形的 3 个内角之和等于 180°，正如我们熟悉的中学平面几何中描述的那样。内蕴曲率为正的流形的几何是球面几何。在球面上，一个三角形的 3 个内角之和大于 180°。除此之外，还有一种双曲几何，就是在马鞍面上，或者说类似炸土豆片的那种双曲面上的几何。对于这种形状的曲面，三角形的 3 个内角之和小于 180°。

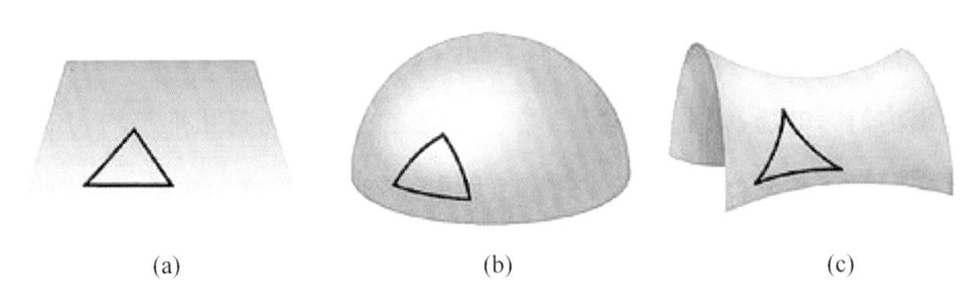
(a)　　(b)　　(c)

图 1-4-2　黎曼流形上 3 种不同的几何

(a) 欧几里得几何；(b) 球面几何；(c) 双典几何

内蕴曲率描述的是曲面的内在性质。内蕴是相对于“外嵌”而言。比如说，柱面和锥面看起来是“弯曲”的，但内蕴几何性质却是与平面一样的，它们的内蕴曲率是 0。

流形上每个点的局部邻域可当作一个欧几里得空间，也就是每个点上都有切空间。切空间和切空间之间，用“联络”互相关联。

虽然在黎曼流形上有 3 种不同的几何，但是如果考察流形上任何一点附近一块非常小的邻域的几何性质，即所谓“局部”几何性质，总是可以近似地看成平坦的欧几里得几何的性质。

以上所说的黎曼流形的性质，非常类似于爱因斯坦想要描述的引力作用下的宇宙图景。不同的只是它们表达的内容：一个是引力，一个是几何。难道引力就是一种几何？引力是物质产生的，是否可以认为物质分布造成了空间的几何，然后几何再由引力的方式表现出来？这些想法和疑问，最后促成爱因斯坦建立了广义相对论。

在狭义相对论中，时间和空间被统一在一个四维的闵可夫斯基时空中，或称为闵可夫斯基空间，这里的“空间”包括了真实的“时间和空间”。闵氏空间中的一个点被称为一个“事件”，因为它既有空间位置的信息又有时间的信息。闵可夫斯基空间是平坦的，这个方面类似于我们常说的三维欧几里得空间。但是，因为时间和空间的属性毕竟不一样，时间概念涉及事件之间的因果关系，在空间中可以左、右、上、下来回地移动，但时间却有方向，只能向前，不能倒流。在闵可夫斯基空间中，如果时间轴用实数表示的话，3 个空间轴就用虚数表示；或者反过来，时间轴用虚数，空间轴用实数，我们在本书中采用前者。由于实数和虚数的不同，闵氏空间的性质与欧氏空间有所不同，图 1-4-3(a)是二维欧氏空间的例子，图 1-4-3(b)是二维闵氏空间(一维时间加一维空间)的例子。如图 1-4-3 所示，欧氏空间中的距离永远是一个正数，闵氏空间的距离却可以是正数、负数或者 0，根据两个事件之间的关系分别由类时、类空或者类光而决定。这个区别与光速不变和因果律有关。此外，在闵氏空间中旋转的性质也和欧氏空间的旋转性质不同，洛伦兹变换就是闵氏空间中的旋转，它属于双曲旋转。

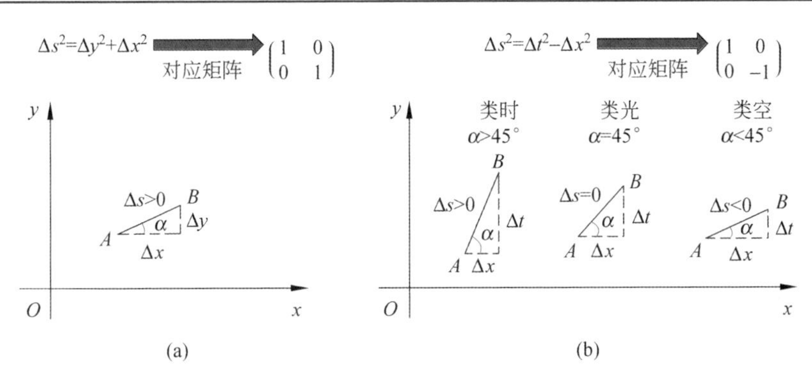

图 1-4-3　欧几里得空间和闵可夫斯基空间的不同

(a) 欧几里得空间；(b) 闵可夫斯基空间

原来三维空间的物理量，在四维时空中被赋予了新的意义。比如说，三维空间的矢量，如速度、加速度、动量等，扩展成了相应的四维矢量。麦克斯韦方程也有其四维空间的表达形式。经典电磁学除了用电场 $\boldsymbol{E}$ 和磁场 $\boldsymbol{H}$ 来描述之外，还可以用电磁势 $\boldsymbol{A}$ 来描述。这里的 $\boldsymbol{A}$ 被称为四维电磁势。

在黎曼几何思想的启发下，爱因斯坦在广义相对论中，将引力与四维时空的几何性质联系起来。广义相对论中的四维时空，一般来说不同于处处平坦的闵可夫斯基时空，就像我们所在的地球球面上的几何不同于欧氏几何一样。因为物质分布造成了时空弯曲，根据广义相对论得出的解是一个弯曲的四维时空，整体性质可以用一个四维的黎曼流形来描述。黎曼流形某个给定点的邻域，则可以局部地看成是个平坦的闵可夫斯基空间。

著名物理学家约翰·阿奇博尔德·惠勒（John Archibald Wheeler，1911—2008），早年时曾经与爱因斯坦一起工作，他用一句话简练地概括了广义相对论："物质告诉时空如何弯曲，时空告诉物质如何运动。"这句话的意思是说，时空和物质通过引力场方程联系到了一起。这种联系可以利用图 1-4-4 来说明。图 1-4-4(a)中，极重的天体使得周围空间弯曲而下凹，这种下凹的空间形状又影响了这个天体以及周围其他物体的运动轨迹。图中的小球朝着天体滚过去，自行车也受到某种向心力的作用而做圆周运动。如何解释小球和自行车的这种运动？牛顿引力理论说：它们被天体的引力所吸引。而广义相对论说，是因为天体造成其周围时空的弯曲，小球和自行车不过是按照时空的弯曲情形运动而已。天体的质量越大，空间弯曲的程度将会越厉害。大到一定的弯曲度，任何东西掉进去都出不来，包括光线，也是只能进不能出。类似于一张蹦蹦网被放在上面的一个重重的铅球撑破了，形成了一个如图 1-4-4(b)所示的"洞"。所有东西全往下掉，再也捡不起来，也就是黑洞。

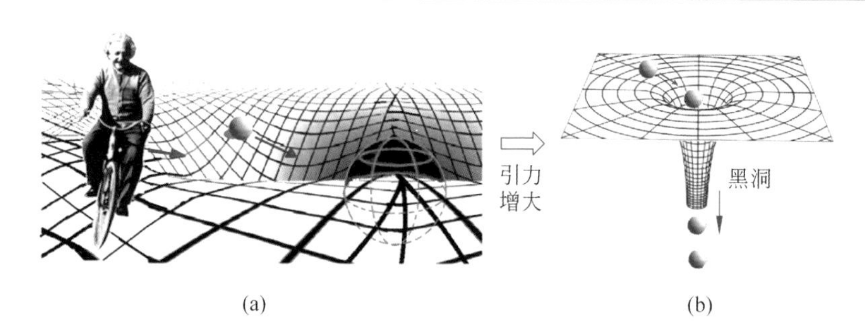

图 1-4-4　爱因斯坦广义相对论预言的时空弯曲及黑洞

5. 突破维数的疆界

爱因斯坦的广义相对论，成功地用几何将惯性、引力以及时间、空间统一在一起。这给了物理学家和数学家很大的启发，都想扩展和延续这种想法。大家首先想到的是，能否将电磁场也统一进来？这其中也包括了爱因斯坦自己，以及他为之奋斗后半生的统一场论。

统一理论所追求的，本来就是美妙的数学形式。相对论将时间空间统一成四维，以解决引力问题。如果要求得更大的统一，势必要再次突破维数的疆界，使用更高维空间的概念。我们在此先简单介绍一下爱因斯坦引力场方程以及几个与四维时空（或更高维空间）有关的数学概念。

（1）标量、矢量和张量

爱因斯坦广义相对论的中心是引力场方程。引力场方程是一个张量方程。张量的概念是矢量概念的扩展，学过中学物理的人都知道标量和矢量。标量是只用一个数值就能表示的物理量，比如温度、面积、体积这些量。矢量是既有大小又有方向的物理量。空间的一个矢量需要 3 个数值来表示，比如说，力、速度、加速度、位移等，都是矢量。如果将矢量的概念再推广，某些物理量需要更多的数值来表征的话，就被称为“张量”。或者说，三维空间中的标量是 0 阶张量（1 个值），矢量是 1 阶张量（3 个值），推广下去，三维空间中的 2 阶张量就需要（9 个值）来表示。

图 1-5-1 中显示了各阶张量。气象预报时报告的某一时间的温度只有一个数值，是 0 阶张量，用 3 个数值表示的矢量则是 1 阶张量。某些物理量需要用 9 个数

表示，是 2 阶张量，实际上也就是一个 3×3 的矩阵。此外，还有 3 阶以及更高阶的张量。

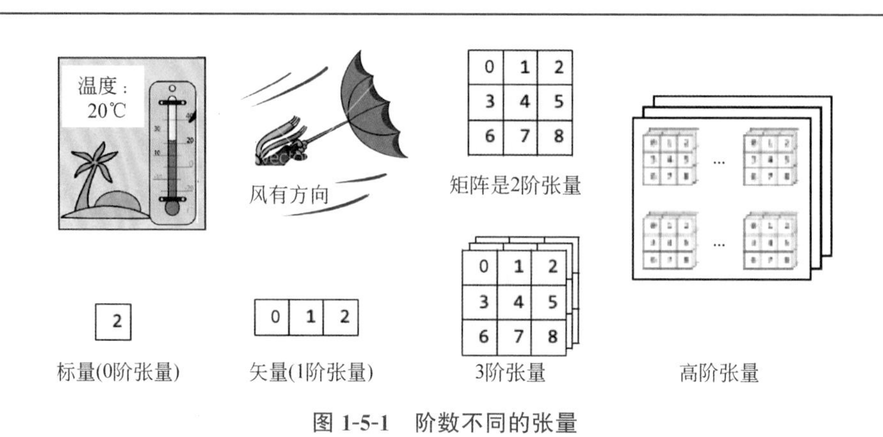

图 1-5-1　阶数不同的张量

图 1-5-1 所举的是三维空间中张量的例子。相对论中，时间和空间被统一在一个四维的闵可夫斯基时空中，三维空间的张量也代之以四维空间中的张量。四维空间中的 0、1、2、3 阶张量分别需要 1、4、16、64 个数来表示。比如说，一个物体的动量，原来是三维空间的矢量，用 3 个数值来表示，它们分别是动量在 x，y，z 3 个方向的分量：p_x，p_y，p_z。动量等于速度与质量的乘积。在四维时空中的动量应该有 4 个分量，也就是说，对应于时空坐标(t,x,y,z)的动量矢量成为(p_0,p_x,p_y,p_z)，其中的(p_x,p_y,p_z)是原来动量的 3 个空间分量，对应于时间坐标的 p_0 又是什么呢？它正好等于一个粒子的总能量除以光速 c：$(p_0=E/c)$。这里的总能量 E 又是什么呢？除了粒子的动能之外，还包括粒子在静止状态的总能量 E_0。因为爱因斯坦在狭义相对论中得到过一个著名的质能关系式：$E_0=m_0c^2$。只要有静止质量 m_0，就有与其相对应的一份能量。因此，四维动量的时间分量$(p_0=E/c=m_0c)$，与物体的质量和能量有关。

除了四维动量之外，原来三维空间的所有矢量(或者高阶张量)都有可能扩充到四维，至于与时间相关的那些分量所代表的物理意义是什么，就要具体问题具体分析了。比如电磁场中的磁矢势和标量电势，构成一个统一的四维电磁势 $\mathbf{A}$，今后我们便使用这个四维势：

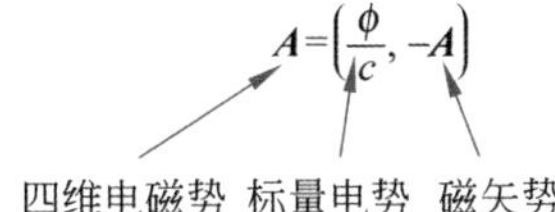

(2) 度规张量

现在我们可以举出一个2阶张量的例子：度规张量。

度规，就像是量度空间大小的一把尺子，用它来度量空间中的弧长（或称"距离"），可以写成一个2阶张量，也就是看起来像一个矩阵的形式。欧几里得空间的度规表达式很简单，可以从勾股定理得到。在图1-4-3中，我们实际上已经使用了二维欧几里得空间的度规（$\mathrm{d}s^2=\mathrm{d}y^2+\mathrm{d}x^2$），以及二维闵可夫斯基空间的度规（$\mathrm{d}s^2=\mathrm{d}t^2-\mathrm{d}x^2$）。这里的$s$就是弧长。图中所示的矩阵，就分别是两种度规的矩阵表示。

一般的n维黎曼流形上的弧长平方如何计算呢？将上面两种度规表示推广一下，可以表达为一个一般的二项式：

$$\mathrm{d}s^2=g_{ij}\mathrm{d}x^i\mathrm{d}x^j \tag{1-1}$$

注意，这里使用了一上一下的重复指标i和j，意思是表示对i和j从1到n求和。用上下指标重复来表示"求和"，而省略了求和的符号，使表达式看起来简单明了，这是理论物理学中的一种约定，被称为"爱因斯坦约定"。

式(1-1)中的g_{ij}便是度规。指标i和j可以取不同的数值。比如说，在三维空间中，因为两个指标都可以取3个不同的数字，所以度规便有9个数值。这意味着，一般来说，三维空间的弧长平方($\mathrm{d}s^2$)可以写成如下形式：

$$\mathrm{d}s^2=g_{xx}\mathrm{d}x^2+g_{xy}\mathrm{d}x\mathrm{d}y+g_{xz}\mathrm{d}x\mathrm{d}z+g_{yx}\mathrm{d}y\mathrm{d}x+g_{yy}\mathrm{d}y^2+$$
$$g_{yz}\mathrm{d}y\mathrm{d}z+g_{zx}\mathrm{d}z\mathrm{d}x+g_{zy}\mathrm{d}z\mathrm{d}y+g_{zz}\mathrm{d}z^2$$

度规的一般形式看起来挺复杂的，但读者不必害怕，我们一般不会使用它，你只需要知道度规是像上面那种求和形式就可以了。并且，如果对于平坦三维空间的直角坐标，矩阵所有交叉项都为0，3个对角项都为1，表达式就成为简单的勾股定理的三维形式。这里我们写出它的一般形式，是因为在广义相对论中，空间一般不是平坦的，也不一定使用直角坐标。因而，度规张量，或者说是从度规计算出来的“曲率”，可以用来度量空间的弯曲程度。如果我们考虑四维“时空”，度规张量所包含的数值就更多了，不止 9 个，应该有 16 个值。并且，正如我们在介绍闵可夫斯基空间，解释图 1-4-3 时所强调的，包括了时间维的“空间”，具有一些特别的性质。比如，那种“空间”中的“距离”，不一定是正数，可以是正、负、0，根据两个事件之间的关系是类时、类空或者类光而决定。广义相对论中，除了仍然必须记住上述概念之外，还需记住“时空”可能是不平坦的、弯曲的，度规张量 g_{ij} 有 16 个分量，也许很复杂。

(3) 爱因斯坦场方程

求解任何方程的目的，都是从某些已知条件，得到未知函数。对广义相对论场方程而言，已知条件是空间的物质分布，未知函数就是刚才介绍的时空的“度规”g_{ij}。

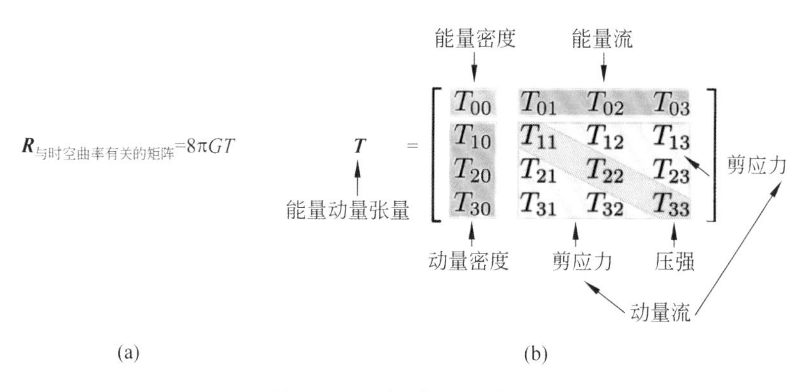

图 1-5-2　爱因斯坦场方程

爱因斯坦场方程的右边描述空间的物质分布和能量分布，用一个称为“能量动量张量”的数学形式表示。另外一边是时空的几何性质，用黎曼几何中的曲率张量表示。图 1-5-2(a)中所示的就是爱因斯坦场方程，两边都是 2 阶张量。也就是说，爱因斯坦场方程看起来如同一个矩阵方程。方程右边的 G 是万有引力常数，$\boldsymbol{T}$ 是系统的能量动量张量。左边的矩阵 $\boldsymbol{R}$ 与时空的曲率有关，即与时空的度规张量 g_{ij}

有关。场方程的意义就是对于系统中给定的质量分布，计算空间的弯曲情况。能量动量张量 $\boldsymbol{T}$ 包括了系统中（或宇宙中）所有的物质和能量，也可以包括电磁场。

既然电磁力可以作为能量动量张量的一部分被考虑进场方程中，是否意味着爱因斯坦场方程已经将电磁作用统一起来了呢？事实并非如此，因为将电磁场包括在能量动量张量中，只不过是将它像普通物质一样地考虑了它产生的引力效应，使得最后得到的场方程的解所描述的时空弯曲中也包括了电磁场能量的贡献，但并没有涉及电磁场对带电粒子的电磁作用。换言之，能量动量张量中包括电磁能量的做法与麦克斯韦方程无关。

如何扩展广义相对论时空的几何范围，才能将麦克斯韦方程与引力场方程统一在一起？显然，维数在这里是一个限制。大家都知道，我们生活的空间是三维的，加上一维时间，不过是四维而已，是否能够找一个额外的空间来容纳麦克斯韦方程呢？

（4）五维空间

德国数学家西奥多·卡鲁扎（Theodor Kaluza，1885—1954）提出一种将四维空间增加到五维的办法来统一引力场和电磁场。

引力场的方程建立在四维空间的基础上。在数学上，空间的维数 n 没有限制，可以是任何正整数，表示需要 n 个数值来决定这个空间中一点的位置。比如说，我们的物理空间是三维的，需要 3 个数值来决定我们在其中的位置，这 3 个数值在数学公式中可以写成(x,y,z)，在地理上可以写成经度、纬度、高度，这是维数在物理上的意义。相对论将时间作为另外的一维与 3 个空间维组合在一起，构成四维时空模型。这只是构造物理理论之需要，并非唯一的道路和方法。也就是说，如果不使用闵可夫斯基四维时空的方法，而仍然将空间和时间分开看待，但只要不忽视它们之间的内在联系，即洛伦兹变换，也一样可以建立相对论，得到同样的结果。但是，那样得到的理论，描述和计算均会很复杂，公式写起来也可能会不对称、不漂亮了。

因此，总结上面的观点，使用统一的四维时空，是为了建立数学模型的需要。

时间和空间虽然是不同的物理对象，具有不同的物理本质，但是它们互相关联。将它们统一在一个数学空间中，能够更方便、简洁地表现它们之间的内在联系，体现数学美。并且，相对论将时间和空间统一在一个框架中，让理论看起来漂亮，并不只是为了满足数学家和理论物理学家的"美感"，也不仅仅是为了计算更简单，最终目的还是为了更深入地理解物理规律之间互相联系的内在本质，更容易发现新的自然规律，发展再下一层次的理论。这也就是理论"统一"的意义所在。

那么，为什么一定要将电磁作用和描述引力的时间空间统一在一起呢？引力场方程和麦克斯韦方程不是分别工作得好好的吗？我们也可以类比于相对论来寻求这个问题的答案。时间和空间在物理上是完全不同的，统一起来处理是因为它们之间具有紧密的内在联系。电磁现象发生在时空中，也应该与时空有紧密的内在联系，将它们与时间空间统一在一个数学空间的框架中，有利于探索发掘它们之间更多更深刻的内在联系，发展新理论，预测新现象。

引力理论将我们的三维空间世界和一维时间都用光了。因此，为了将电磁作用类似于引力场那样被几何化，卡鲁扎在四维时空的基础上加上了额外的第五维，来容纳与电磁场有关的变量。

增加维数是什么意思呢？不过只是增加了表示某个事物所需要的变量数。从这个意义上来说，我们在日常生活中其实也经常和"高维空间"打交道。记录一个新生儿出生时的情况，3 个数值是远远不够的，除了他的出生地点、年、月、日、时刻之外，还有体重、身长、血型、心跳快慢、呼吸次数等许多数据，这也就算是数学上的一个多维空间，每一维都有其物理意义。

那么，回到卡鲁扎的第五维空间，它表示的物理意义是什么呢？根据卡鲁扎的建议，可以将广义相对论使用的四维时空上，加上一个额外的空间维，这一维代表电磁场，应该与电荷 q，或电磁势 $\boldsymbol{A}$ 有关系，其中还包括了一个额外的标量场 ϕ，这个标量场所对应的粒子被卡鲁扎称为"radion"，见图 1-5-3。

根据这个五维时空的构想，卡鲁扎可以得到好几组方程式，其中包括等价于爱因斯坦场方程的一组、等价于麦克斯韦方程组的一组，以及关于标量场 ϕ 的方程。

后来，瑞典物理学家奥斯卡·克莱因又将此理论纳入量子力学，由此建立了卡鲁扎-克莱因理论。

图 1-5-3 卡鲁扎-克莱因第五维理论
(a) 卡鲁扎；(b) 克莱因；(c) 五维统一理论

如何解释理论中的第五维这个额外维度？卡鲁扎和克莱因认为，我们不能看到第五维空间，是因为它卷曲成了一个很小的圆。这个新颖的想法开了多维空间之先河，是第一个高维宇宙的模型，影响了之后的物理学家们建立标准模型时关于额外维度的几何构想。

如图 1-5-3(c)所示，第五维就像是在原来的四维时空(图中用平面的二维时空网格代替)中，加上了一些极小的圆圈，这些圆圈的尺寸太小时，我们就感觉不到它的存在。就像在现代的纺织机器织出的某些纤维布料中，我们看不到一些非常小的圈形纤维结构一样。物理学家计算出了这些圆圈的大小，只有约为 10^{-30} cm 的量级。

从后来发展的规范理论来看，类似圆圈的第五维可以被理解成复数平面上的旋转。实际上，电磁理论就是对应于复数平面上的旋转，这是电磁场与量子化的电子场相互作用的关键模型，后来被推广到杨-米尔斯理论等。如今弦论数学模型中的空间是十维的，后来演变成十一维空间的 M 理论，都是源自这个五维模型的推广。爱因斯坦曾经思考过卡鲁扎-克莱因理论，事实上，卡鲁扎最原始的论文就是在他的支持和推荐下得以发表的。但爱因斯坦最终放弃了这个思想，没有在这条路上走下去。

6.
外尔——苏黎世一只孤独的狼

和爱因斯坦同时代考虑统一场论的人，还有著名的德国数学家外尔。

数学家多少有几分诗人气质，外尔（Weyl，1885—1955）[3]就给人这样的印象，也许是在神圣的数学王国中遨游，长期受美之熏陶所致，时不时会冒出几句诗意的话语。外尔曾经用“苏黎世一只孤独的狼”来描述被自己的崇拜偶像爱因斯坦批评时感觉失望和迷茫的心态。那是外尔研究统一场论时的一段故事。

在“5.突破维数的疆界”一节中介绍的卡鲁扎的五维方法，是通过在四维时空中加上一维额外的空间，来增加时空的自由度，以便将电磁作用包括进来。卡鲁扎仍然使用黎曼几何，但并未改变黎曼几何。

爱因斯坦当时曾经想玩弄的花招就更为形式化了。他也曾经反复探究如何在度规张量上做文章来包容电磁作用。

(a)　(b)

图 1-6-1　外尔和爱因斯坦

(a) 外尔；(b) 外尔(左三)等在普林斯顿高等研究院庆祝爱因斯坦 70 岁诞辰

从度规可以计算弧长，继而计算空间的弯曲情形。因此，度规描述了黎曼空间的几何性质。欧氏空间度规是正定的（矩阵的行列式等于+1），闵氏空间度规是非正定的，对应矩阵的行列式为−1，由此说明两种度规的区别。这种区别是由时间和空间的差别引起的。

无论正定还是非正定，黎曼度规都是对称矩阵。四维“时空”的度规矩阵应该有 4×4=16 个数值。但因为它的对称性，只有 10 个独立分量。爱因斯坦试图将电磁场包含到度规中的方案有两种：一种是放弃度规的对称性，恢复 16 个独立分量。如此一来，额外的 6 个量就可以用来表示电磁场。另一种方法是将黎曼度规从实数推广到复数。但是，这样玩来玩去的结果，连爱因斯坦自己也发现，除了将电磁力和引力用同一个名字的矩阵（或张量）的不同分量表示之外，没有什么实质性的变化。就像把一瓶水和一罐面粉，不打开就塞进一个大袋子里一样，水和面粉没有实质变化，和将水与面粉搅和所成之物是大不一样的。那不是物理学家追求的“统一”。其实，不仅玩物理需要思想，玩数学也同样需要思想。深奥的思想才能产生数学之内在美，否则只是装潢于表面的漂亮形式而已。

外尔的做法则不同，他是从无穷小的本质上来研究和扩展黎曼几何，然后再试图实现引力和电磁场的统一。

外尔比爱因斯坦小几岁。与这位德国老乡类似，他的大部分时间在瑞士苏黎世和美国普林斯顿度过。1915 年年初，外尔应征入伍，但第二年便回到了苏黎世联邦工业大学。那时正值广义相对论诞生之初，这个划时代的美妙理论使外尔兴奋、激动，并毫不犹豫地投身其中。外尔立即在学校开设和教授了广义相对论课程。

当时的外尔不仅是爱因斯坦理论的热心宣扬者和追随者，也是 20 世纪最有影响力的全才数学家之一，是早期普林斯顿高等研究院的重要成员。他的许多研究工作，对理论物理和纯数学领域，都产生了重要的影响。

外尔对黎曼几何的质疑，从考察平行移动[4]的概念开始。

平行移动的意思就是说，你在空间中缓慢地移动，无论前进、后退、左移、还是右移，你的脸总朝着一个固定的方向，不能转动。当你如此“平行移动”一圈后回到原处时，你一定认为你的脸的朝向是和原来出发时一样的。如果你在地面上做小范围的移动，的确如此。但是，如果你在地球上移动的范围很大，情况就不一样了，这是因为地球是一个球面，是弯曲的。

矢量平行移动一圈之后回到原点时，方向不一定和原来方向一致。这取决于移动的空间是平坦的还是弯曲的。如图 1-6-2(a)中所示，一个矢量 **A** 沿着默比乌斯带向左移动，开始移动时的矢量 **A** 垂直于默比乌斯带，方向向外。移动一圈之后回到出发点时的最后矢量用 **B** 表示。从图中可以看到，**B** 的方向向内，因而矢量在默比乌斯带上移动一圈后的方向与开始的方向相反。图 1-6-2(b)描述了球面上的平行移动。女孩从北极(点 1)出发，沿着路线(1-2-3-4-5-6-7)到点 7(也是北极)。在移动过程中，女孩一直保持她的脸朝向“南”，最后到达点 7。点 7 和点 1 是同一个点，都是北极。在点 7，她的脸仍然朝“南”，但是比较一下出发时的方向，可以发现女孩的脸的朝向，已经改变了 90°。

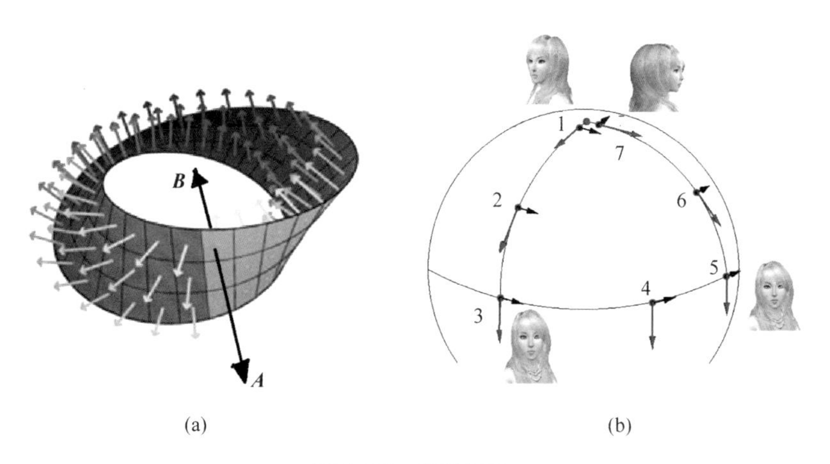

图 1-6-2 平行移动

(a) 矢量在默比乌斯带移动一圈反向；(b) 女孩在地球表面平行移动后方向和原来垂直

矢量绕着闭合曲线平行移动一周后方向改变的数值，与回路所包围空间的弯曲情况(曲率)有关。这是黎曼几何所描述的弯曲空间的性质。但外尔对黎曼几何的这一点不够满意，因为在黎曼几何的平行移动中，矢量的方向改变了，但长度却没有任何变化。无论空间怎么弯曲，无论你沿着哪条曲线移动，矢量的长度都不会改变。外尔的方法便是在改变方向的同时，使长度也改变。

如何使长度发生改变呢？外尔的方法是在度规上加了一个因子。

如何才能使平行移动后的矢量方向和大小都改变呢？外尔通过在黎曼度规中，乘以一个任意的标量尺度因子 $\lambda(x)$ 来实现这一点，比如，对闵可夫斯基二维空间：

$$\mathrm{d}s^2 = \lambda(x)(\mathrm{d}t^2 - \mathrm{d}x^2)$$

如果是一般弯曲的黎曼空间，度规有更复杂的形式，但原则上是一样的，乘上一个尺度因子 $\lambda(x)$ 而已。

外尔并不是随便地给黎曼度规加上一个莫名其妙的任意尺度因子，他的最终目的是要用他的数学模型来实现引力和电磁场的统一。他试图以平行移动时矢量的长度变化为代价，得到一个任意函数 $\lambda(x)$，正是这个函数的"任意性"，提供了某种几何上的自由度，以使能够将电磁场容纳在这种几何之内。

那时候，物理学家们已经使用四维电磁势 $\boldsymbol{A}$ 来描述电磁场。外尔的直觉告诉他，电磁势 $\boldsymbol{A}$ 是比电磁场的场强 $\boldsymbol{E}$ 和 $\boldsymbol{B}$ 更为基本的物理量。并且，对应于同样的电磁场，电磁势可以有不同的选择，这种选择的自由度为他提供了一个可能性：将电磁势 $\boldsymbol{A}$ 与他的标度因子 $\lambda(x)$ 关联起来。

首先，我们可以将外尔的标度变换写成如下形式：$\lambda(x) = \mathrm{e}^{\theta(x)}$。当我们选择特殊的标度函数 $\theta(x) \equiv 0$，亦即 $\lambda(x) \equiv 1$ 时，便从外尔的标度几何回到了黎曼几何的情况。因此，外尔假设他的几何中的度量关系由两个基本型决定，其一是原来的二次式黎曼度规；第二个基本型是一个矢量 $\boldsymbol{A}$。

采取第一个基本型的原因是黎曼度规必须保留，如此才能导出爱因斯坦的引力场方程，以便使理论适合广义相对论；第二个基本型中的矢量，便对应于四维电磁势 $\boldsymbol{A}$。正如刚才提到的，对确定的电磁场 $\boldsymbol{E}$ 和 $\boldsymbol{B}$ 而言，四维电磁势 $\boldsymbol{A}$ 并不是唯一的，在这里就对应于外尔定义的标度变换：当时空度规乘以 $e^{\theta(x)}$ 时，四维电磁势 $\mathbf{A}$ 变成 $\mathbf{A}-\partial\theta(x)$。

上述变换实际上就是后来人们所说的"规范变换"。今天我们所用的规范一词，比如规范不变性(gauge invariance)，就是从外尔几何中的标度不变性(eich invarianz)翻译而来。外尔在黎曼几何二次型度规的基础上，加上了一个一次形式来包容电磁场，这在数学上看起来是非常美妙的一招，并且还有它的"纯粹无穷小几何"之解释，也闪耀着新思想的火花。因此，外尔兴致勃勃地将他的文章寄给了爱因斯坦，但得到的反馈却不怎么样。爱因斯坦一方面赞赏外尔几何是"天才之作、神来之笔"，另一方面从物理的角度，强烈批评这篇文章脱离了物理的真实性。因为从物理上讲，外尔在度规函数中引入一个任意的函数 $\lambda(x)$，即相当于在四维时空中的每一个点都可以有任意不同的长度单位和时间单位，也就是有任意不同标度的钟与尺，这在物理上是不可能被接受的。

爱因斯坦在给外尔回信中认为，当人们利用标尺和时钟的测量结果来定义 ds 时，不存在任何不确定性。假若在大自然中真有外尔假设的任意标度函数的话，就不会存在带有确定频率谱线的化学元素，两个在空间上邻近的同类原子的相对频率必然会不同。而事实情况不是这样，所以，该理论的基本假设不可取，尽管每一位读者初看时都会由衷地赞叹它数学上的深刻性与独创性。

面对爱因斯坦的反对意见，外尔感到十分失望和落寞。他以朋友海塞的小说《荒原狼》的主人翁自比，他在给爱因斯坦的回信中说："我们之间已经战斧高悬，但仍然阻挡不了我对您真诚的敬意。"这只"孤独的狼"并未放弃他的理论，而是进一步地深入探讨黎曼几何中度量的本质，以及仿射联络空间等概念，以使他的几何有更为牢靠的数学理论基础。外尔坚信：数学理论上简洁而美妙的东西必将有它揭示出深奥物理内容的一天。他曾经半开玩笑地说过一句名言："我的工作总是努力将真与美统一起来；但是，如果只能选择其中之一，那么我选择美。"这句话充分表现了外尔作为数学家的独特而与众不同的审美观，以及他对自然规律必然具有数学美的深刻信念。

外尔试图统一引力和电磁场的尝试，当然是失败了。这点没有什么可责难的，实际上，直到现在也没有一个令人满意的理论将引力和其他三种相互作用（包括电磁作用）统一在一起。但当量子力学进一步发展起来之后，外尔几何以一种修正的形式在现代物理中发挥了大用途，对此我们将在第三篇中介绍。

第二篇

奇妙的量子世界

爱因斯坦虽然参与了创建量子力学，但对这个理论始终持怀疑态度，他的统一梦也是试图建立在经典场的基础上。不过，近代物理学家在统一大业上的努力，却少不了量子理论。因此，本篇简要地回顾量子物理的相关内容。

1. 普朗克放出量子精灵

我们曾经提到，量子力学诞生于经典天空中的一朵乌云：黑体辐射研究中理论与实验的矛盾。那么，什么是物理学中所谓的黑体辐射？

所谓"黑体"，是指对光不反射、只吸收，但却能发出辐射的物体。不反射光的物体在常温下看起来应该是黑色，比如说，一根黑黝黝的拨火棍，可以看成是一个"黑体"。但黑体看起来并不总是"黑"的，它的颜色取决于它的温度。人们从日常生活经验中知道，如果你把拨火棍插入火(炼铁)炉中，它的颜色将会随着温度的变化而变化：温度逐渐升高后，它会变成暗红色，然后是更明亮的红色，之后是亮眼的金黄色，最后还可能呈现出蓝白色[图 2-1-1(a)]。为什么拨火棍看起来会有不同的颜色呢？这说明在不同的温度下，拨火棍辐射出了不同波长的光。当温度固定在某个数值 T 下时，拨火棍的辐射被限制在一定的频率范围内。将其画出来就是它的频谱，或称"频谱图"。图 2-1-1(b)的曲线便是黑体辐射的频谱图，其水平轴表示的是不同的波长 λ，垂直轴 $M_0(\lambda, T)$表示的是温度为 T 时，在波长 λ 附近的辐射强度。因此，辐射强度 $M_0(\lambda, T)$是温度和波长的函数。当温度 T 固定时，在某一个波长 λ_0 附近，辐射强度有最大值，这个最大值与温度 T 有关，这也就是我们所观察到的拨火棍的颜色随温度而改变的规律。

由经典麦克斯韦方程推导出的"维恩公式"和"瑞利-金斯公式"，无法解释黑体辐射的实验结果。维恩公式在高频时以及瑞利-金斯公式在低频时，都不符合实验结果。由图 2-1-1(b)中的实验及理论曲线可以看出差别。

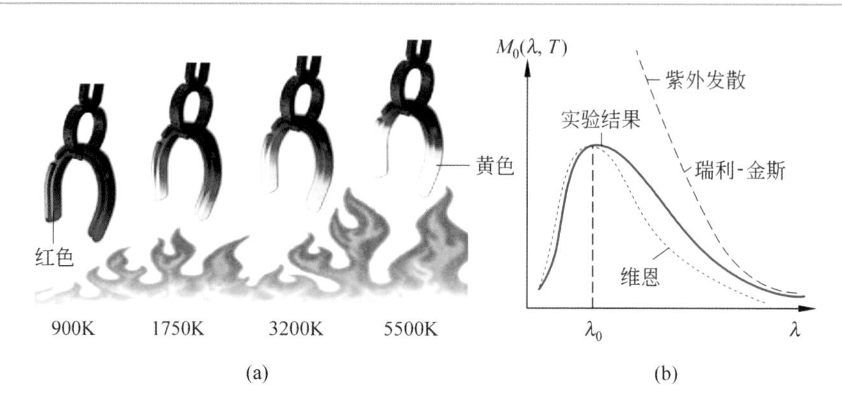

图 2-1-1 拨火棍颜色与温度的关系(a)与黑体辐射的频谱图(b)

没想到拨火棍上的物理，竟然隐藏着一场革命。德国物理学家麦克斯·普朗克（Max Planck，1858—1947）虽然思想保守，但他却在量子力学的诞生史上充当了一次革命者。他发现，如果假设黑体辐射的能量不是连续的，而是一份一份地发射出来的话，就可以导出一个新的公式来解释图 2-1-1(b)中所示的实验曲线。但普朗克并没有提出光量子的思想，直到 1905 年，26 岁的爱因斯坦对光电效应的贡献才真正使人们看到了量子概念所闪现的曙光。

当光线照射到某些材料上的时候能激发出电子，这就是光电效应。光电效应的应用在我们的日常生活中无处不在，最常见的例子大概有两类：一类是用来将太阳能转换成电能的太阳能电池；另一类是对光线进行探测的光敏器件。

当你走到购物中心门口的时候，某种装置能够探测到你的存在从而自动打开大门。这种装置中起作用的电子器件就是利用了光电效应，它可以探测到你移动的时候附近光强的变化，从而启动相关机械设备以达到控制目的。

就物理本质而言，光电效应是将光能转换为电能。材料中的电子被束缚在原子核周围，当光线射到表面原子上的时候，光线的能量转换成电子的能量，电子逸出金属表面。

问题是在解释光电效应的实验结果时碰到了困难。爱因斯坦用了与普朗克解释黑体辐射时类似的方法解决了这个问题。爱因斯坦认为，光线的能量不是连续的，而是以一个一个光量子的形式存在。

所以，量子革命是始于对光的本质的解释。光到底是什么？一直是物理学中的难题，光总是给人以虚无缥缈的神秘之感，但在麦克斯韦理论中光被认为是一种电磁波之后，光给人的经典形象是不需要介质传播的连续“波动”，见图 2-1-2(a)。

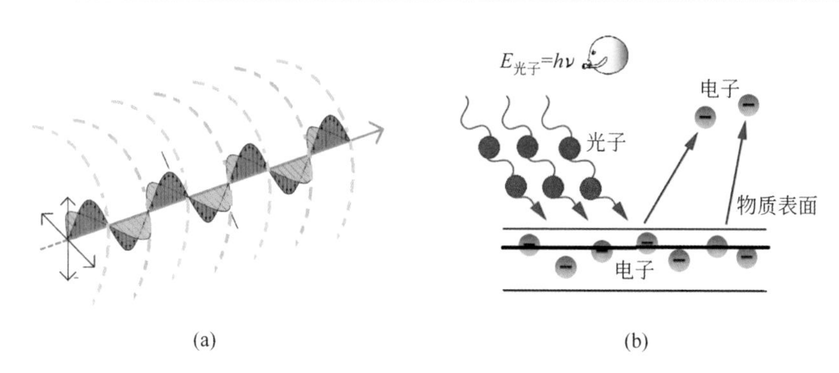

图 2-1-2　光的波动性和粒子性

(a) 光是在空间传播的一种电磁波；(b) 用光子解释光电效应

普朗克对黑体辐射的解释，以及爱因斯坦对光电效应的解释，颠覆了光波的“连续”性，代之以一个一个的光子。当光波被物质吸收或者发射的时候，是一个(几个)光子与一个(几个)物质粒子发生反应，而不会产生“半个”光子的情形，就像不可能有“半个”电子一样。比如说，对于频率为 ν 的光，每个光子的能量便是 $h\nu$，其中 h 是普朗克常数，这种频率的光与物质发生相互作用时，一个光子打出一个电子。发生光电效应时，转换传递的最小能量是 $h\nu$，见图 2-1-2(b)。

然而，我们平时感觉不到光的粒子性。太阳光照到脸上，温暖的感觉像是连续传递过来的，不像是一个一个的粒子打到脸上，那是因为每个光子的能量 $h\nu$ 是个很小的数值。比如说，一个蓝光子的能量 $E=h\nu=4\times10^{-19}$ J，比风中一粒沙子携带的动能(大约 10^{-4} J)要小十几个数量级，我们当然不可能感觉到一份一份光量子的存在。

刚才的蓝光子能量是怎么计算的？光子的能量等于光的频率 ν 与 h 的乘积，蓝光的频率 $\nu=6.279\,691\,2\times10^{14}$ Hz，是当年普朗克为了解释黑体辐射时引入的，之后成为量子现象的标志，是量子理论中最重要的常数。普朗克常数 h 的数值为 6.6×10^{-34}，单位是角动量的单位。

量子力学将光理解成一个一个的“光子”，表面看起来像是又回到了牛顿的微粒说。但光子的概念与牛顿的“光微粒”完全不是一码事，并且量子力学并未否认光的波动性，而认为光具有二象性，既是粒子又是波。

量子理论是一场革命，它既与经典理论迥异，又与经典理论有千丝万缕的联系。随着物理的研究深入到比原子更小的微观世界，物理学家们发现了一个又一个不可思议的物理现象，但谬误往往孕育着真理，矛盾和困难发掘了人们的想象。因为这些看起来荒谬的实验结果不能被原有经典理论所包容，于是这些经典理论便必须向量子理论的方向扩展。也就是说，经常需要在理论中用上“量子”这个词汇，将微观世界的现象用离散的观点来看待。正是这些从连续到离散的扩展，造就了一个接一个的量子英雄。回头看物理学史，那个年代，形形色色的猜测和臆想充满了学术界，困难和危机造就了科学上的一代伟人。中国有句古话“时势造英雄”，科学上也同样如此。20 世纪初到二三十年代，是一个“量子英雄”辈出的年代。

1900 年，普朗克为解决经典的黑体问题而首次提出量子概念，引入普朗克常数，揭开了量子物理的序幕；1905 年，爱因斯坦为解释经典光电效应提出了光量子；1913 年，尼尔斯·玻尔（Niels Bohr，1885—1962）提出半经典原子模型；1923 年，德布罗意提出物质波的概念；1924 年，玻色将统计概念扩展到量子，提出玻色-爱因斯坦统计；1925 年，泡利提出不相容原理；1925 年，海森伯创立矩阵力学……

光，既是粒子又是波。那么，原来被认为是“粒子”的物理对象，诸如电子、质子、中子等，是否也具有“波动”的性质呢？为此，德布罗意提出了物质波的概念，认为不仅仅光具有波粒二象性，所有的粒子也都具有波粒二象性。比如说，如果一个动量为 p 的粒子，它对应的德布罗意波长是 $\lambda=h/p$。根据这个公式，任何物体都有相对应的物质波，但是对应于尺寸大、动量 p 也较大的物体，物质波的波长很小，当波长小于原子的尺度（大约 10^{-15} m）时，仪器无法探测到，物体的波动性质便不会显现出来。

如上所述，量子理论建立在光和物质二象性的基础上。这种效应只在尺度很小的范围内，即微观世界中才会显现出来。多大的尺寸才算微观世界呢？这与普朗克常数 h 有关。普朗克常数 h 的数值很小，凡是需要用量子来解释的场合它都会出现。它就像是被普朗克放出到微观世界的一个精灵，从量子的概念产生了许多与人们经典观念完全不同、难以接受的结论。普朗克曾经为自己释放出了这个量子精灵诚惶诚恐、后悔莫及，花了十几年的时间研究如何将此怪物收回去，重新压进箱底！也就是说，普朗克试图发展一种没有量子精灵的理论，来解释黑体辐射及微观世界的一些怪异现象，但却未能成功。精灵一旦被放出了潘多拉的盒子，就再也收不回去了。与普朗克的愿望相反，与经典理论相冲突的量子现象越来越多，量子精灵在微观世界大闹天宫、难以收拾。

2.

薛定谔的紧箍咒

放出来的量子精灵虽然无法再被收回盒子里，但却应该有物理规律来约束它们的行为，孙悟空不也还有如来佛的紧箍咒嘛。

量子的脚步很快就走进了 1925 年。这一年，奥地利物理学家薛定谔(Schrödinger，1887—1961)受德拜之邀在苏黎世作一个介绍德布罗意波的演讲。薛定谔的精彩报告激起了听众的极大兴趣，也使薛定谔自己开始思考如何建立一个微分方程来描述这种“物质波”。这个方程一旦被建立，首先可以应用于原子中的电子上，结合玻尔的原子模型，来描述氢原子内部电子的物理行为，解释索末菲模型的精细结构。

需要描述的是电子的波粒二象性，薛定谔自然首先想到从经典物理中寻找对应物。

电子作为经典粒子，是用牛顿定律来描述的。如何描述它的波动性呢？考察一下当时的经典力学理论，除了用牛顿力学方程表述之外，还有另外几种等效的表述方式，它们可以互相转换，都能等效地描述经典力学。这些经典描述中，哈密顿-雅可比方程是离波动最接近的。当初，哈密顿和雅可比提出这个方程，就是为了将力学与光学作类比。

人类对“光”的认识，从来就在粒子和波动之间来回摇摆，因此有关“光”的理论，便有几何光学和波动光学两种，分别用来描述光的粒子性和波动性。这两种描述方式并不具有等价性，而是互补的关系。几何光学基于光的“直线传播”，不能解释光的干涉、衍射等性质，此类波动现象必须要用到波动光学的理论，但几何光学可以看作是波动光学在波长趋于零情况下的极限，见图 2-2-1。

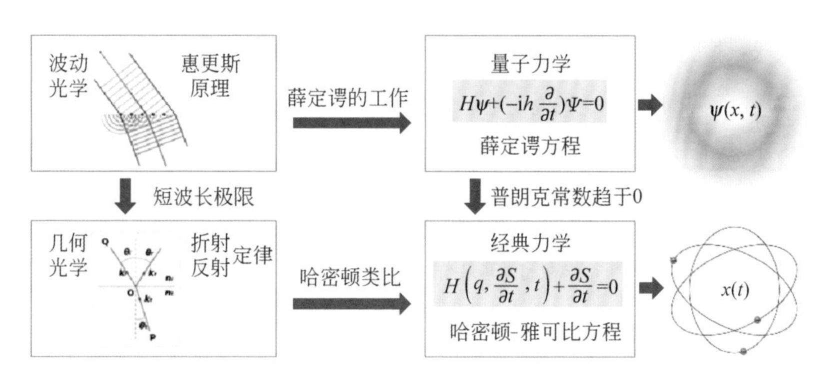

图 2-2-1　薛定谔方程的导出

既然电子与光类似，也一样具有波粒二象性，那么类比于光线，是否能找到一个电子遵循的波动方程，使得在一定的条件下，回归到经典粒子轨道方程的情况呢？再表述得具体一点，也就是说：这个波动方程的零波长极限便应该趋近于电子的经典运动方程，即哈密顿-雅可比方程。

爱尔兰科学家威廉·哈密顿（William Hamilton，1805—1865）虽然将力学与光学进行了类比，但他并未明确地导出这样一个电子波动方程。这正好提供了机会，让薛定谔跟着他的思路，将上述模式运用到量子力学中。当年的薛定谔风流倜傥，女友无数。这时正好碰上了一个神秘的前女友。据说两人旧情复发，去白雪皑皑的阿尔卑斯山上度假数月，甜蜜的爱情大大激发了薛定谔的科学灵感，著名的薛定谔方程横空出世！之后，薛定谔用他的方程来计算氢原子的谱线，得到了与玻尔模型及实验符合得很好的结果[5]。

电子既是粒子，又是波。经典力学中用牛顿定律描述粒子的运动规律，量子力学中用薛定谔方程描述“粒子波”的运动规律。这两类方程以及它们的解有些什么区别？

牛顿方程的解：$x(t)$，是空间位置 x 随时间变化的一条曲线，显示粒子在空间运动的轨道。薛定谔方程的解：$\Psi(x,t)$，是一个空间及时间的复数函数，通常被称为“波函数”。在以上函数中，表示粒子在三维空间位置的 x 成为自变量之一，t 代表时间。图 2-2-1 最右边的两个图显示了两种情形的区别：牛顿经典轨道 $x(t)$ 只是几条线，量子波函数解 $\Psi(x,t)$ 却弥漫于整个空间。粒子轨道的概念容易被人接受，但对波函数的解释却众说纷纭。

既然认为电子（以及其他粒子）也具有波动，波动当然会弥漫于整个空间。但应该如何解释这种整个空间都存在的波函数呢？无非有两种观点：一种属于概率诠释，认为波函数的平方，是粒子在某个时刻某个点出现的概率。粒子在某个时刻，仍然只是存在于空间中的某一个固定点。另一种解释本质上是属于“场论”的观点，认为电子是同时存在于空间各处的“波”的量子叠加态。量子态的叠加在量子物理中很重要，量子现象的奇妙性就来自于叠加态。相对而言，概率诠释更易理解。但基于这两种观点，人们有时将 $\Psi(x,t)$ 称为波函数，有时又称为“量子态”，所指的基本上是一个意思：量子体系的数学描述。

比较一下图 2-2-1 中的薛定谔方程和哈密顿-雅可比方程，可以看出经典力学是量子力学的“零波长极限”，实际上也就是当普朗克常数 h 趋于 0 时候的极限。普朗克常数 h 在这里又出现了，正如之前所说的，它是量子的标志。

薛定谔方程和哈密顿-雅可比方程都是偏微分方程，公式中将时间的偏导数明显地写成了时间微分算符的形式。经典方程中的算符是$(\partial/\partial t)$，薛定谔方程中的算符中则多了一个乘法因子$(-\mathrm{i}\hbar)$，是虚数 i 和约化普朗克常数$\hbar(=h/2\pi)$的乘积。这里$\hbar$表征量子，$\hbar$数值很小，因而薛定谔方程只在微观世界才有意义。虚数 i，则代表了波动的性质，对波动而言，每一个点的“运动”不但有振幅，还有相位。相位便会将复数的概念牵扯进来。

因此，普朗克常数、复数还有算符，三者构成量子数学之要素。算符对量子尤其重要，因为在量子理论中，粒子的轨道概念失去了意义，必须代之以粒子的波函数，或者系统的量子态。那么，原来的经典物理量是什么呢？比如说，表征一个经典粒子最基本性质的物理量是位置、动量、角动量、能量等，在量子力学中应该如何表示它们？

物理学家们发现,原来的经典物理量可以用相对应的算符来表示。经典物理中也使用算符,但算符在量子力学中更重要。什么是算符?算符即运算符号,物理算符是物理学家通常用以表示某种运算过程(或者复杂方程式)的符号,有时候可以用来做一些形式上的代数运算而使得真正的计算简单易懂。只要不忘记这种算符表达的意义,便往往能够使推导过程看起来简明扼要并且经过最后验证得到正确的结果。

算符并不神秘,实际上,一般的函数和变量都可以算是算符,矩阵是不对易的算符的例子,上文中所示的($\partial/\partial t$),是大家所熟悉的微分算符,也就是微分。微分算符通常作用在函数上,将一个函数作微分变成另一个函数。量子力学中的微分算符作用在系统的量子态上,将一个量子态变成另一个量子态。

概率诠释将波函数解释为粒子在某一点出现的概率幅。根据这种观点,如果对一个量子态某物理量(动量、能量等)进行测量,有意义的是多次测量的统计结果。可以认为每一个经典物理量在量子力学中都对应于一个算符,每次测量的结果将按照一定的概率得到算符的一个本征值。所有测量结果的平均值便与经典力学量测量值相对应。因此,量子算符的本征值必须为实数,才能表示量子力学中的可观测量,这要求量子算符是厄密算符。可以从厄密矩阵的定义来简单理解厄密算符:厄密矩阵是与自己的共轭转置相等的复数矩阵。

那么,与位置、动量、角动量、能量等经典物理量所对应的算符是什么形式呢?下面列出了一部分常见的量子微分算符。

$$f(x)=f(x)$$　函数算符

$$p_x=\frac{\hbar}{\mathrm{i}}\frac{\partial}{\partial x}$$　动量算符 x 分量

$$E=\frac{p^2}{2m}+V(x)$$　总能量

$$H=\mathrm{i}\hbar\frac{\partial}{\partial t}$$　哈密顿算符

$$KE = \frac{-\hbar^2}{2m}\frac{\partial^2}{\partial x^2} \qquad 动能$$

$$L_z = -\mathrm{i}\,\hbar\frac{\partial}{\partial \phi} \qquad 角动量 z 分量$$

从以上算符表达式可知，薛定谔方程中的$(\mathrm{i}\,\hbar\partial/\partial t)$，实际上就是哈密顿算符 H 的时间微分形式。哈密顿算符 H 也就是能量算符，薛定谔方程看起来似乎只是个简单的恒等式：左边是算符$(\mathrm{i}\,\hbar\partial/\partial t)$作用在波函数上，右边等于算符 H 作用于同一波函数上。能量算符 H 描述系统的能量，在具体条件下有其具体的表达式。一般来说，量子系统的能量表达式可以从它所对应的经典系统的能量公式得到，只需要将对应的物理量代之以相应的算符就可以了。比如说，一个经典粒子的总能量可以表示成动能与势能之和：

$$E = \frac{p^2}{2m} + V$$

将总能量表达式中的动量 p 及势能 V，代之以相应的量子算符，就可得到这个粒子(系统)对应的量子力学能量算符。然后，将此总能量算符表达式作用在电子的波函数上，一个单电子的薛定谔方程便可以被写成如下具体形式[5]：

$$-\frac{\hbar^2}{2m}\nabla^2\Psi(r,t) + V(r)\Psi(r,t) = \mathrm{i}\,\hbar\frac{\partial}{\partial t}\Psi(r,t)$$

上述薛定谔方程是“非相对论”的，因为我们是从粒子“非相对论”的能量动量关系出发得到了它。所以，薛定谔方程有一个不足之处：它没有将狭义相对论的思想包括进去，因而只能用于非相对论的电子，也就是只适用于电子运动速度远小于光速时的情形。考虑相对论，粒子的总能量关系式应该是：

$$E^2 = p^2c^2 + m^2c^4$$

薛定谔曾经试图用相对论总能量公式来构建方程。但因为其左边是 E 的平方，相应的算符便包含对时间的 2 阶偏导，这样构成的方程实际上就是后来的克莱因-高登方程。但是，薛定谔从如此建造的方程中，没有得到令人满意的结果，还带给人们所谓负数概率的困惑。之后，狄拉克解决了这个问题。

3.
“不确定”的海森伯

实际上，在薛定谔导出他的方程之前不久，量子力学已经有了它的理论，那就是海森伯的矩阵力学。维尔纳·海森伯(Werner Heisenberg，1901—1976)是德国物理学家。当普朗克打开潘多拉盒子放出量子精灵的那一年，海森伯还没有出世呢，不料20多年后，他成为了玻尔“哥本哈根学派”中最得力的人物。

海森伯少年天才，好胜心极强，不怎么看得上薛定谔方程。不过，大多数物理学家们更喜欢薛定谔方程这样的微分方程表述形式及其描述的波动图像，不喜欢海森伯的枯燥而缺乏直观图像的矩阵。薛定谔等人后来证明了，薛定谔方程与矩阵力学对量子力学的这两种描述，在数学上是完全等效的。

波动力学和矩阵力学虽然在数学上等价，物理上却代表了两种不同的思路。爱因斯坦极力支持和欣赏薛定谔方程，与他的经典场论思想有关。波函数的方程多少有些类似于麦克斯韦的经典电磁场方程，而矩阵力学就只有与经典相隔甚远的离散图像，并且与爱因斯坦两个相对论的时空框架关系不大。爱因斯坦开始时也曾经赞扬过海森伯的矩阵力学，说“海森伯下了一个大量子蛋”。但爱因斯坦的赞扬中含有一定的怀疑和观望的成分，特别是当有了薛定谔方程之后，他便认为矩阵力学一帮人马已经“误入歧途”，以致后来还导致了与玻尔所代表的哥本哈根学派的一场世纪大战。爱因斯坦这种经典场论的思想，后来一直延续到他后半生的统一理论工作中。

海森伯因矩阵力学逐渐被人淡忘而不爽，不过天才终归是天才，不久后他便抛出了一个“不确定性原理”而震惊物理界。

根据海森伯的不确定性原理，对于一个微观粒子，不可能同时精确地测量出其位置和动量。将一个值测量越精确，另一个值的测量就会越粗略。如图 2-3-1(a)所示，如果位置被测量的精确度是 Δx，动量被测量的精确度是 Δp 的话，两个精确度之乘积将不会小于$\hbar/2$，即：$\Delta p\Delta x\geqslant\hbar/2$，这里的$\hbar$是约化普朗克常数。精确度是什么意思？精确度越小，表明测量越精确。如果 Δx 等于 0，说明位置测量是 100%准确。但是因为不确定性原理，Δp 就会变成无穷大，也就是说，测定的动量将在无穷大范围内变化，亦即完全不能被确定。

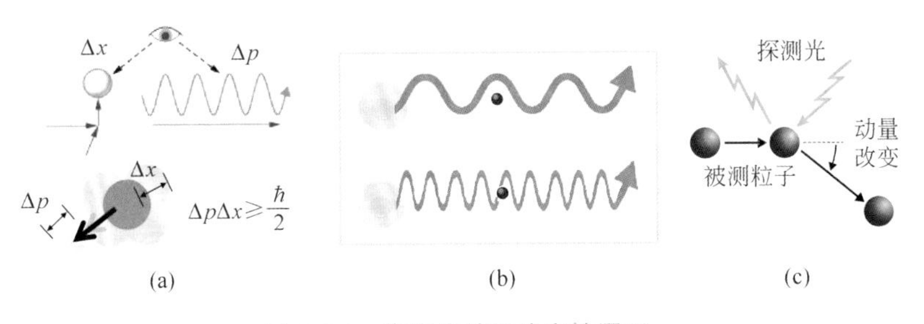

图 2-3-1 海森伯的不确定性原理

(a) 不确定性原理；(b) 不同频率光波测量粒子位置；(c) 直观解释

海森伯对薛定谔方程耿耿于怀，且在与同行泡利的通信中对波动力学表示讨厌。不过暗地里他也迫切地想要给自己的理论配上一幅直观的图像。那时候，量子的概念颇为神秘，不确定性原理也带着某种诡异性，因此海森伯便用了一个直观的例子来解释他的不确定性原理以回应薛定谔的波动力学。

如何测量粒子的位置？我们需要一定的实验手段，比如说可以借助于光波。如果要想准确地测量粒子的位置，必须使用波长更短、频率更高的光波。在图 2-3-1(b)中，画出了用两种不同频率的光波测量粒子位置的示意图。上面的图中使用波长比较长的光波，几乎探测不到粒子的存在，只有光波的波长可以与粒子的大小相比较[如图 2-3-1(b)的下图所示]的时候，才能进行测量。光的波长越短，便可以将粒子的位置测量得越准确。于是，海森伯认为，要想精确测量粒子的位置必须提高光的频率，也就是增加光子的能量。这个能量将作用在被测量的粒子上，使其动量发生巨大的改变,因而便不可能同时准确地测量粒子的动量,见图 2-3-1(c)。

如上所述的当时海森伯对不确定性原理的解释,是基于测量的准确度,似乎是因为测量干预了系统而造成两者不能同时被精确测量。后来,大多数的物理学家对此持有不同的看法,认为不确定性原理是类波系统的内禀性质。微观粒子的不确定性原理是由其波粒二象性决定的,与测量具体过程无关。

事实上,从现代数学的观念,位置与动量之间存在不确定性原理,是因为它们是一对共轭对偶变量。在位置空间和动量空间,动量与位置分别是彼此的傅里叶变换。因此,除了位置和动量之外,不确定性关系也存在于其他成对的共轭对偶变量之间。比如说,能量和时间、角动量和角度之间,都存在类似的关系。

海森伯对量子力学的贡献是毋庸置疑的,但他在第二次世界大战中的政治态度却不很清楚。海森伯曾经是纳粹德国核武器研究的领导人,但德国核武器研制多年未成正果,这固然是战争正义一方的幸运之事,但海森伯在其中到底起了何种作用?至今仍是一个难以确定的谜。海森伯在大战中的“不确定”角色引人深思:科学家应该如何处理与政治的关系?如何在动乱中保持一位科学家的良知?

海森伯与玻尔有长期的学术上的合作,有着亦师亦友的情谊。从海森伯 22 岁获得博士学位后第一次到哥本哈根演讲,玻尔就看上了这个年轻人。无情的战争将科学家之间的友谊蒙上了一层淡淡的阴影。在战争期间,1941 年,海森伯曾到哥本哈根访问玻尔,据说因为二人站在不同的立场,所以话不投机、不欢而散。这个结果是符合情理的,因为当时玻尔所在的丹麦被德国占领,玻尔与海森伯已有两年多未见面,玻尔对他有戒心,怀疑他是作为德方的代表而出现,但到底谈话中说了些什么,人们就只能靠猜测了。有人说海森伯是想要向玻尔探听盟军研制核武器的情况,也有人说海森伯企图说服玻尔,向玻尔表明德国最后一定会胜利。

第二次世界大战结束后,海森伯和其他一些德国科学家一起,作为囚犯被美国军队送到英国。后来(1946 年)他重返德国,重建哥廷根大学物理研究所。

4.

哥本哈根的灵魂

普朗克和爱因斯坦使用量子概念解释了光和物质之间的作用，揭开了革命的序幕。然而，坚定不移地开拓量子力学的革命者的荣耀应该归于丹麦物理学家尼尔斯·玻尔。

玻尔将量子概念用于解释原子模型。根据卢瑟福的原子行星模型，电子像行星绕着太阳转那样绕着原子核转。但是，电子和行星不一样，它带有电荷。除了受牛顿运动定律的支配之外，它还受经典电磁理论的支配。根据麦克斯韦理论，做圆周运动的电荷将会不断地损失能量，旋转的轨道半径会越来越小，最后将无法维持稳定圆周轨道而坍缩到原子核中，这显然与事实不符合。为什么由正、负粒子组成的物质没有坍缩？是哪一种神奇的力量在维持着物质的稳定？理论与实际情况相矛盾使得玻尔困惑不解。但年轻的玻尔既善于承前，又敢于创新，他破天荒地将普朗克的“量子”概念应用于原子模型。他认为原子中的电子轨道是不连续的，电子只能处于一些分离而稳定的“定态”轨道。这些定态轨道上的电子不会因其绕核运动而辐射能量，只有当电子从某个定态轨道跃迁到另一个相邻定态轨道时，才以光子的形式放出或者吸收能量。这两个定态能级之差 $E=h\nu$，这里的 ν 是光子的频率，h 是普朗克常数。玻尔的原子模型是半经典的，并不是彻底的量子力学模型，但它很好地解释了氢原子光谱和元素周期表，取得了巨大的成功。

玻尔担任哥本哈根大学理论物理研究所(之后的玻尔研究所)所长一职 40 年，培养学生无数，桃李满天下。20 世纪 30 年代的玻尔研究所是物理学家荟萃的地方，为量子力学的发展做出了巨大贡献。世界各地的物理学家，向朝圣一样地来到研究所拜会玻尔，许多诺贝尔物理奖得主都在这里工作过。说当时的哥本哈根是世界物理的中心一点也不为过，玻尔就是这个中心的灵魂。

笔者在奥斯丁时，曾经多次拜访物理学家约翰·惠勒，听他讲述当年与玻尔和爱因斯坦共事时两位大师的逸闻趣事[6]。

惠勒博士毕业后，便慕名去哥本哈根投奔到玻尔旗下，当时他才 21 岁。20 世纪 30 年代，以玻尔为代表的一帮量子力学人马，正将研究的注意力转移到原子核结构问题上。后来(1939 年左右)，惠勒又在美国与玻尔共事，研究原子核裂变的液滴模型，为之后美国科学家理解核裂变过程、研制原子弹奠定了理论基础。第二次世界大战期间，惠勒和玻尔都参与了曼哈顿计划，解决了反应堆的设计和控制问题。

在访谈中，惠勒对当初的玻尔研究所活跃的学术空气十分欣赏："早期的玻尔研究所，楼房大小不及一家私人住宅，人员通常只有 5 位。但它却不愧是当时物理学界的先驱，叱咤着量子理论的一代风云。在那里，各种思想的新颖和活跃，在古今的研究中是罕见的。尤其是每天早晨的讨论会，既有发人深省的真知灼见，也有贻笑大方的狂想谬误；既有严谨的学术报告，也有热烈的自由争论。然而，所谓地位的显赫、名人的威权、家长的说教、门户的偏见，在那斗室之中，却是没有任何立足之处的。"

根据惠勒的回忆，研究所里的讨论会很少是由报告人干巴巴地将准备的内容讲完之后人们才发言的。一般来说，当报告进行了 5 分钟或十几分钟之后，便有人开始提问题，大多数时候是玻尔本人。这种讨论的气氛一直伴随着报告，直到结束。因为对玻尔来说，物理报告，只有当它们能引起出人意料的谬误，或者显现出漂亮的真理时，才会使人觉得有趣而听完。没有难以解决的矛盾和佯谬，就不可能有任何科学的进步。

惠勒还提到玻尔为世界和平所做的努力："玻尔曾经写信给联合国，希望联合国要为实现一个开放的世界而努力。他认为一个和平的世界首先必须是一个开放的世界。他所说的开放是指世界上每个人都应该能自由地访问别的国家，这样有利于促进人类各民族之间的相互理解。”

惠勒回到美国后，成为普林斯顿大学的教授，一直到退休。因此，他与当时在普林斯顿高等研究院的爱因斯坦接触频繁，经常带学生去拜访爱因斯坦。事实上，爱因斯坦逝世后，惠勒成为普林斯顿大学，乃至世界范围内的相对论的带头人。他首创“黑洞”一词，对引力坍缩的研究做出了杰出的贡献。每个相对论或天体物理工作者的案头，都必备惠勒的力作——《引力》。此外，惠勒先生还培养出不少优秀的学生，获物理学诺贝尔奖的费曼便是一个典型的例子。

惠勒曾经说到玻尔和爱因斯坦有关量子力学的那场世纪之争，这场争论持续近 30 年之久。玻尔和爱因斯坦实际上是非常好的朋友，每次从欧洲来到普林斯顿，玻尔都要尽快地拜会爱因斯坦，讨论物理并进行永无休止的辩论。惠勒曾经对笔者兴致勃勃地提起他目睹的一幕有趣景象。

惠勒说，普林斯顿大学曾经想给爱因斯坦立个塑像。什么形象能代表爱因斯坦的个性呢？有人建议爱因斯坦弯腰给一个小女孩讲故事，来表现爱因斯坦的好奇和童心。可惠勒说他见证了一个真实有趣的场面，但是没有艺术家敢于表现。那是某年的夏天，普林斯顿热浪滚滚，惠勒随同玻尔来到爱因斯坦住所。两个老朋友见面时正值中午，爱因斯坦正在沙发上午睡。他一见到玻尔就翻身起来，两人立刻辩论得忘乎所以。直到惠勒发现爱因斯坦竟然一丝不挂，而旁边的玻尔也完全没想到要提醒爱因斯坦先穿上衣服！

5. 狄拉克玩数学

保罗·狄拉克(Paul Dirac,1902—1984)是英国理论物理学家,量子力学奠基者之一。他开创的量子电动力学,是第一个成功的量子场论,使他成为统一路上举足轻重的人物。

薛定谔试图建造相对论的电子运动方程未能成功,只好退一步弄了一个非相对论的薛定谔方程。虽然也让众多物理学家们耳目一新,但毕竟遗憾地没有将大家热衷的相对论效应包括在内。敏感的狄拉克意识到,麻烦的根源是哈密顿算符的相对论形式中的那个能量平方项(E^2):$E^2=p^2c^2+m^2c^4$。而在经典力学的总能量公式中,能量 E 是简单的一次项:

$$E=\frac{p^2}{2m}+V$$

当我们将 E 用它相应的微分算符($\mathrm{i}\hbar\partial/\partial t$)代替时,与经典力学公式对应的薛定谔方程是时间的 1 阶微分方程。如果用类似的方法,相对论的电子方程中便会出现对时间的 2 阶微商:($-\hbar^2\partial^2/\partial t^2$)。正是这个对时间 2 阶微商的方程造成了薛定谔相对论电子方程的失败。

所以,狄拉克的目标是要得到一个只有时间 1 阶微商的相对论方程。狄拉克由此而产生一个想法:对能量平方算符(E^2)来一个开方运算!

开方运算有时候会产生很奇妙的效果。比如说,负数(−1)本来是不能开方的,但是数学家们由此而定义了一个纯虚数 i,继而引进了复数的概念。复数在数学及物理等领域中,可以算是掀起了一场革命。

复数在量子力学中不可或缺。数学物理中有许多奇妙之事,不知道是大自然本身的奇妙，还是因人类发现了它们的奇妙。总而言之，有些概念仔细推敲起来使人目瞪口呆、无话可说，只能连呼三声："神奇"。

如果能与外星人对话的话。你要问他们些什么问题？对电气工程师而言，可能会问："你们星球是不是也用电作为主要的能源啊？"物理学家可能会用怀疑的眼光想象着他（它）们，关心他们是否是由反物质组成的？数学家们会问些什么呢？当写到此处时，最想要问的问题是："你们是不是也用复数啊？""你们认识这个 i（－1 的平方根）吗？"

当 i 这个东西被法国著名哲学家、数学家笛卡儿第一次正式发明出来，登上了历史舞台之后，就在数学和物理理论中扮演着一个神奇的角色。欧拉在 1748 年发现的欧拉恒等式，更是以一种简洁奇妙的形式，将这个纯虚数与其他数学常数联系起来，令人震撼不已：$e^{i\pi}+1=0$。

物理学家费曼称欧拉恒等式为"数学中最奇妙的公式"。是啊，凭什么它把这 5 个最基本的数学常数：1、0、e、i、π，如此简洁地联系在一起？还包括了像 $\pi=3.141592653\cdots$，$e=2.718281828\cdots$这种奇怪的超越数？

到了物理学家们研究量子的年代，纯虚数 i 的角色就更重要了。它似乎与量子力学有着一种奇怪的渊源。我们在别的领域也使用复数，比如说，经典物理中用复数表示波动；电子工程中的各种计算，也经常使用复数而得以简化，但在那些情况中复数经常是为了方便而被引入，最后结果仍然是用实数表示。量子力学不同，复数似乎是一种必须要用的东西。这点大概也和几何相的重要性联系在一块儿。为什么量子力学一定需要这个人为造出来的玩意儿呢？杨振宁在他的一次演讲中曾经提到过这个问题[7]。看来，这其中更深一层的奥妙，物理学的大师们也似乎还未弄清楚。

在我们定义的量子算符中也包含了这个 i，其原因是为了保证量子算符是厄密算符。量子理论与经典理论的一个重要区别就是物理量的算符化。在经典物理中也使用算符，比如平移算符、旋转算符等，但是与复数的使用类似，算符对经典物理而言，是为了方便，对量子力学而言却是不可或缺的。因为在经典物理学中，诸如粒子的坐标、动量、能量、角动量等力学量，理论上有明确的定义，实验测量有确定的数值。而在量子力学中，即使研究的对象只有 1 个粒子，它的运动也需要用弥漫整个时空的波函数来描述。因此，物理量的经典概念必须加以改造方能使用，算符化便是一种改造方式。也就是说，量子理论中的物理量被作用在波函数上的算符所替代，这样更容易描述量子规律。在量子理论的统计诠释下，每次实验测到的物理量数值不是确定的，而只是以一定概率出现的算符的本征值中的 1 个。

因此，这些算符的本征值应该为实数，才能在量子力学中描述与经典物理量相对应的可观测量。厄密算符便符合这个条件，厄密算符的表示矩阵是厄密矩阵，它的特点是等于自己的共轭转置矩阵，并且本征值为实数。

狄拉克追求数学美，将复数及算符都玩得团团转。那段时间，他冥思苦想的是，如何避免这个 2 阶微商？是否可以将能量平方算符开方？

根据乔治・伽莫夫(George Gamow，1904—1968)的回忆，在 1928 年一个寒冷的夜晚，当狄拉克坐在剑桥圣约翰学院一间酒吧的壁炉前冥思苦想时，突然灵光一闪，发现了这个问题的答案。他将相对论形式的算符表达式作了一个形式上的“开方”运算，因此而得到：

$$E=\sqrt{p^2c^2+m^2c^4}=\sqrt{p^2+m^2} \tag{2-1}$$

式(2-1)中使用了自然单位，即令光速 $c=1$。这样一来，左边变成了 E 的一次项，能够类似薛定谔方程那样，使用对时间的 1 阶微分来构建方程。

然后，狄拉克想了一个巧妙的办法来处理式(2-1)右侧根号内的量子算符。狄拉克假设这个算符表达式是另一个算符表达式的完全平方，比如：

$$p^2+m^2=(\alpha_1p_x+\alpha_2p_y+\alpha_3p_z+\beta m)^2 \tag{2-2}$$

在式(2-2)的右边，因为动量算符 p 对应的是三维空间的矢量，我们将 p 用它的 3 个算符分量 p_x、p_y、p_z 代替，符号 α_1、α_2、α_3、β 分别表示 4 个未知的算符。尽管普通的实数或者复数也可以看作是算符，但是上式中引入的 α 和 β 显而易见不能被表示为实数或复数，因为实数或复数是互相对易的。那么，是否可以用互不对易的$(n\times n)$矩阵来表示这几个算符呢？

在薛定谔方程中，算符作用在电子的标量波函数 $\Psi(x,t)$ 上，如果将算符 α、β 用$(n\times n)$的矩阵表示的话，矩阵的作用对象——波函数，便应该相应地扩展成为一个含 n 个函数的波函数矢量。当年的狄拉克是在 1928 年思考这些问题的。就在 1 年前，物理学家泡利用了 3 个二维矩阵成功地描述了非相对论电子的自旋角动量。也许是受到了泡利矩阵的启发，狄拉克从直觉上意识到他的方程中的$\boldsymbol{\alpha}$、$\boldsymbol{\beta}$ 矩阵和泡利矩阵可能有某种关联。但是，泡利矩阵是 3 个二维矩阵，所以狄拉克的 α、β 算符不应该是二维矩阵，考虑要包容 3 个 2×2 的泡利矩阵。狄拉克将他的方程中的 α 和 β 的维数定为 4。如此一来，算符用 4×4 矩阵表示的话，狄拉克方程的解则应该是一个 4 个分量的函数列$\{\Psi_1(x,t),\Psi_2(x,t),\Psi_3(x,t),\Psi_4(x,t)\}$。这个列函数的性质不同于通常意义下的矢量，因而狄拉克给它取了个新名字，叫作“旋量”。

于是，狄拉克将公式右边包含 p 和 α、β 的二项式展开，与等式的左边比较后，得到了 4×4 的$\boldsymbol{\alpha}_1$、$\boldsymbol{\alpha}_2$、$\boldsymbol{\alpha}_3$、$\boldsymbol{\beta}$ 矩阵必须满足的 3 个条件：

$$\boldsymbol{\alpha}_i^{\mathrm{T}}\boldsymbol{\alpha}_i=\boldsymbol{\beta}^{\mathrm{T}}\boldsymbol{\beta}=\boldsymbol{I}\text{（}4\times4\text{ 单位矩阵）}$$

$$\boldsymbol{\alpha}_i\boldsymbol{\alpha}_j+\boldsymbol{\alpha}_j\boldsymbol{\alpha}_i=\boldsymbol{0}$$

$$\boldsymbol{\alpha}_i\boldsymbol{\beta}+\boldsymbol{\beta}\boldsymbol{\alpha}_i=\boldsymbol{0}$$

上面条件中的 $i,j=1$、2、3。然后，狄拉克进一步找到了满足上述条件的$\boldsymbol{\alpha}$、$\boldsymbol{\beta}$ 矩阵，并且导出了狄拉克方程[8]：

$$\left(\frac{1}{\mathrm{i}}\alpha_i\cdot\nabla+\boldsymbol{\beta}m\right)\Psi(\boldsymbol{r},t)=\mathrm{i}\hbar\frac{\partial}{\partial t}\Psi(\boldsymbol{r},t)$$

$$\boldsymbol{\alpha}_1=\begin{pmatrix}0&0&0&1\\0&0&1&0\\0&1&0&0\\1&0&0&0\end{pmatrix},\quad \boldsymbol{\alpha}_2=\begin{pmatrix}0&0&0&-\mathrm{i}\\0&0&\mathrm{i}&0\\0&-\mathrm{i}&0&0\\\mathrm{i}&0&0&0\end{pmatrix},$$

$$\boldsymbol{\alpha}_3=\begin{pmatrix}0&0&1&0\\0&0&0&-1\\1&0&0&0\\0&-1&0&0\end{pmatrix},\quad \boldsymbol{\beta}=\begin{pmatrix}1&0&0&0\\0&1&0&0\\0&0&-1&0\\0&0&0&-1\end{pmatrix}$$

狄拉克对数学美的追求使他受益匪浅，从上述形式的狄拉克方程得到的解具有 4 个分量，或可以说是 4 个解。其中的 2 个解分别对应电子的 2 个自旋分量，它们准确地描述了电子的运动。另外 2 个解的特性使狄拉克大吃一惊，因为它们对应于负能量状态！狄拉克相信这种负能量的解一定有其物理意义，这种信念导致他预言了正电子的存在。

如果假设狄拉克方程的另外 2 个解对应的电荷不是电子所带的负电荷，而是正电荷的话，负能量解就变成了正能量解。当时知道的具有正电荷的粒子只有质子，质子的质量比电子质量大很多，显然不符合这里的条件。于是，狄拉克便预言存在 1 种与电子质量相等、但电荷相反的反粒子。这个假设当时在物理界引起轩然大波。可是，出乎人们意料之外，这个大胆预言的粒子在 1 年后被安德森在宇宙射线中发现，并将其命名为“正电子”。1955 年，另外两位天文学家又发现了质子的反粒子——反质子。之后，各种反粒子被陆续发现。

因此，与薛定谔方程相比，狄拉克方程有许多优越之处。除了考虑了相对论效应，可以用于电子速度接近光速的情况之外，它还把原来没有考虑的“自旋”和“反粒子”情况自动包括在内。

6.

泡利——上帝的鞭子

人类最早探索到自旋的奥秘，与著名的“泡利不相容原理”有关。

在量子力学诞生的那一年，沃尔夫冈·泡利(Wolfgang Pauli，1900—1958)也在奥地利的维也纳呱呱坠地。20多年后，他成为量子力学的先驱者之一，是一位颇富特色的理论物理学家。

泡利在物理学界以犀利和尖刻的评论而著称，丝毫不给人留面子。有一次，泡利对一位刚做完报告的同行说：“我从来没听过这么糟糕的报告!”马上转头又对另一位同行说：“如果是你做这个报告，想必更糟糕!”泡利有一句广为流传的评论名言：“这不是对的，甚至也谈不上是错的!”据说泡利自己讲过他学生时代的一个故事，有一次他在柏林大学听爱因斯坦讲相对论的报告，报告完毕，几个资深教授都暂时沉默不言，似乎正在互相猜测：谁应该提出第一个问题呢？突然，只见一个年轻学子站了起来说：“我觉得，爱因斯坦教授今天所讲的东西还不算太愚蠢!”原来这愣头愣脑的小伙子就是泡利[9]。

玻尔将他誉为“物理学的良知”，同行们则以“可怕的泡利”“上帝的鞭子”“泡利效应”等昵称和调侃来表明对他的敬畏之心。这些“头衔”，加上以上的几个例子，容易给人造成一个错觉，以为泡利是个傲慢自负、目中无人的家伙。但事实上并非如此，当时的物理学界十分重视泡利关于每一个新成果、新思想的尖锐评价，并且泡利对自己也一样挑剔。泡利的学生们还能感觉出泡利的亲切和平易近人，特别是，他们在泡利面前可以问任何问题，而不必担心显得愚蠢，因为对泡利而言所有的问题都是愚蠢的。

的确,泡利在年轻时就表现出了过人的聪明。高中毕业时他发表了自己的第一篇科学论文;20 岁时写了一篇 200 多页的有关相对论的文章,得到爱因斯坦的高度赞扬和好评。当年的物理学家玻恩甚至认为,泡利将成为比爱因斯坦更伟大的科学家。

不过,聪明过头的人往往不快乐。年轻的泡利在经受了母亲自杀和离婚事件的打击后,患上了严重的神经衰弱症,因而不得不求助于当时也在苏黎世,并且住得离他不远的心理医生卡尔·荣格。荣格是弗洛伊德的学生,著名心理学家,分析心理学创始人。从那时候开始,荣格记录和研究了泡利的 400 多个"原型梦",这些梦境伴随着泡利的物理研究梦。荣格 20 多年如一日,一直持续到泡利逝世为止。泡利也和荣格讨论心理学、物理学和宗教等[图 2-6-1(a)]。后人将泡利与荣格有关这些梦境的书信来往整理成书,这些内容为探索科学家的心理状况与科学研究之间的关联留下了宝贵的原始资料。比如说,伟人爱因斯坦、虚数 i、与精细结构常数有关的 137……都曾经来到过泡利的梦里。或许,在泡利不短不长的生命中,清醒和梦境,科学和宗教,总是经常融合纠缠在一起。

1922 年到 1923 年,泡利应玻尔之邀到哥本哈根玻尔研究所工作 1 年,研究的课题是反常塞曼效应。人们经常看见他漫无目的地游走在哥本哈根美丽的大街小巷上,似乎显得闷闷不乐的样子。泡利自己后来在一篇回忆文章中描述过当时的心情,大意是说,当你被反常塞曼效应这种难题纠缠的时候,你能开心得起来吗?

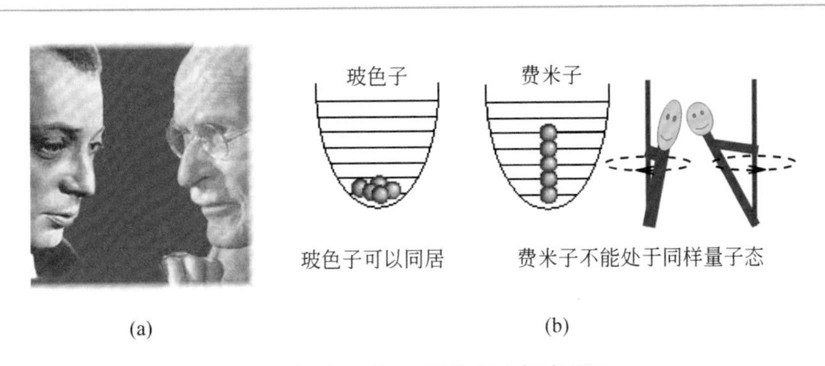

图 2-6-1　泡利、荣格(a)及泡利不相容原理(b)

塞曼效应指的是原子的光谱线在磁场的作用下发生分裂的现象。当原子中的电子从激发态返回到基态时便释放能量，发出一定波长的光谱。反过程则形成吸收光谱。根据玻尔的半经典原子模型，电子在原子中只能按照一定的能量量子化了的轨道运动，使得光谱成为一条一条的分离谱线，分别对应于不同的能级。如果原子位于外磁场中，电子运动受到磁场影响而产生更多的能级，表现为谱线产生分裂。在正常塞曼效应中，一条谱线在磁场作用下分裂成双重线或三重线，而反常塞曼效应的谱线分裂数多于 3 条，有时 4 条、5 条、6 条、9 条，各种数值都有，似乎复杂而无规则。当时，塞曼发现了谱线分裂的正常效应，洛伦兹则用电子轨道角动量与磁场作用的概念解释了这种效应，因而两人分享了 1902 年的诺贝尔物理学奖。塞曼在他的诺贝尔奖演讲中提到了当时尚不知如何解释的反常塞曼效应，宣称他和洛伦兹遭到了“意外袭击”。那时候的泡利还是个 2 岁的娃娃，没想到过了 20 年后，这个反常塞曼效应的难题仍然困惑着物理学家，并且还“侵入”了泡利的脑海中和梦境里。

泡利在一堆年轻的量子革命家中偏向“左派”，算是更彻底的革命者。他不相信经典的原子实模型，最后断定反常塞曼效应的谱线分裂只与原子最外层的价电子有关。从原子谱线分裂的规律，应该可以找出原子中电子的运动方式。1922 年的施特恩-格拉赫实验，也有力地证明了额外角量子数的存在。仿照前人，泡利引入了 4 个量子数来描述电子的行为。它们分别是：主量子数 n、角量子数 l、总角量子数 j、总磁量子数 m_j。这些量子数的取值互相有关，比如说，角量子数给定为 l 时，总角量子数 j 可以等于 l 加(减)1/2。在磁场中，这些量子数的不同取值使得电子的状态得到不同的附加能量，因而使得原来磁场为零时的谱线分裂成多条谱线。

泡利在 1925 年提出不相容原理[10]，并于 1945 年由爱因斯坦提名而因此项成就获得诺贝尔物理学奖。泡利不相容原理[图 2-6-1(b)]大概表述如下：电子在原子中的状态由 4 个量子数(n、l、j、m_j)决定。在外磁场里，处于不同量子态的电子具有不同的能量。如果有 1 个电子的 4 个量子已经有明确的数值，则意味着这 4 个量子数所决定的状态已被占有，1 个原子中不可能有两个或多个电子处于同样的状态。

实际上，在泡利之前，当物理学家们使用不同的量子数来排列原子中电子运动规律的时候，就多少已经暗含了电子的状态互不相容的假设。但是这个费米子“互不相容、必须独居”的原理，直到 1925 年才被泡利正式在论文中提出来，这大概便与泡利的“左派”思维方式有关了。不相容原理并不是什么大不了的理论，实际来说只是一个总结实验资料得出的假说，但它却是从经典力学走向量子力学道路上颇具革命性的一步。因为在经典力学中，并没有这种奇怪的费米子行为。

自旋也是这样一种没有经典对应物的革命性概念。但奇怪的是，泡利革命性地提出了不相容原理，却也因为过于革命而阻挡了别的同行提出“自旋”。

从泡利引入的 4 个量子数的取值规律来看，自旋的概念已经到了呼之欲出的地步，因为从 4 个量子数得到的谱线数目正好是原来理论预测数的 2 倍。这 2 倍从何而来？或者说，应该如何来解释刚才我们说过的“总角量子数 j 等于 l 加（减）1/2”的问题？这个额外 1/2 的角量子数是什么？

拉尔夫·L. 克罗尼格（Rolph L. Kronig，1904—1995）生于德国，后来到美国纽约哥伦比亚大学读博士。他当时对泡利的研究课题产生了兴趣。具体来说，克罗尼格对我们在上一段提出的问题试图给出答案。克罗尼格想，玻尔的原子模型类似于太阳系的行星：行星除了公转之外还有自转。如果原子模型中的角量子数 l 描述的是电子绕核转动的轨道角动量的话，那个额外加在角量子数上的 1/2 是否就描述了电子的“自转”呢？

克罗尼格迫不及待地将他的电子自旋的想法告诉泡利，但却遭到泡利的严厉批评。泡利认为提出电子会“自转”的假设是毫无根据的，服从量子规律的原子运动与经典行星的运动完全是两码事。如果电子也自转的话，电子的表面速度便会超过光速数十倍而违背相对论。

克罗尼格受到泡利如此强烈的反对后，就放弃了自己的想法，也未写成论文发表。可是，仅仅半年之后，另外两个年轻物理学家乔治·E. 乌伦贝克（George E. Uhlenbeck，1900—1988）和塞缪尔·A. 高斯密特（Samuel A. Goudsmit，1902—

1978)提出了同样的想法，并在导师埃伦费斯特支持下发表了文章。同时，托马斯进动从自旋的相对论效应解释了 1/2 的因子差异，因而他们的文章得到了玻尔和爱因斯坦等人的好评。克罗尼格因失去了首先发布发现自旋的机会而颇感失望。不过，克罗尼格认识到泡利只是因为接受不了电子自转的经典图像而批评他，并非故意刁难，因此后来一直和泡利维持良好的关系。心胸宽大的克罗尼格活到 91 岁的高龄，于 1995 年去世。

自旋无法用经典力学的自转图像来解释，因为自转引起的超光速将违反狭义相对论。有人把电子的自旋解释为因带电体自转而形成的磁偶极子，这种解释也很难令人信服。因为实际上，除了电子外，一些不带电的粒子也具有自旋，比如中子不带电荷，但是也和电子一样，自旋量子数为 1/2。

泡利虽然反对将自旋理解为"自转"，但却一直都在努力思考自旋的数学模型。他开创性地使用了 3 个不对易的泡利矩阵作为自旋算子的群表述，并且引入了一个二元旋量波函数来表示电子的两种不同的自旋态。

$$\sigma_x = \begin{bmatrix} 0 & 1 \\ 1 & 0 \end{bmatrix},\ \sigma_y = \begin{bmatrix} 0 & -\mathrm{i} \\ \mathrm{i} & 0 \end{bmatrix},\ \sigma_z = \begin{bmatrix} 1 & 0 \\ 0 & -1 \end{bmatrix},\ \psi(r, s_z, t) = \begin{pmatrix} \psi_{\text{上}}(r,t) \\ \psi_{\text{下}}(r,t) \end{pmatrix}$$

(a) (b)

图 2-6-2 泡利矩阵(a)与电子的旋量波函数(b)

3 个泡利矩阵是 SU(2)群的生成元，再加上 2 阶单位矩阵组成一组完全基，可以展开为任何 2×2 复数矩阵。但泡利的二元自旋模型是非相对论的，并且是将自旋额外地附加到薛定谔方程上。在"5. 狄拉克玩数学"一节中介绍的相对论性量子力学的狄拉克方程中(特别是如果写成洛伦兹协变形式的话)，自旋以及正、负电子的概念，都作为电子波函数四元旋量的分量，被自然地包含在方程中，充分体现了狄拉克所崇尚的数学美。

自旋是量子力学中的一种可观测的物理效应，物理学家们对它的数学模型和物理效应都可以说了解得颇为详细。但是如果要深究自旋的本质到底是什么，这个问题却难以回答，目前的结论只能说：自旋是基本粒子的一种类似角动量的内禀量子属性，它与粒子的时空运动无关，没有经典物理量与它对应。也许你会说，物理学家在解释不了某个概念的时候，就用“内禀”这个词来忽悠人。但科学研究的过程就是如此，任何时候的理论都只能解释有限多的实验事实，解答有限多的问题，而“为什么？”和“是什么？”却可以无限地追问下去。基本粒子的内禀属性除了自旋之外，还有质量、电荷等，但这些物理量在经典力学中也有意义，因而更容易被人理解和接受。只是自旋并不如此，它没有经典对应物。

7.
自旋的奥秘

不过，自旋的确有它的神秘之处。无论从物理意义、数学模型，还是从实际应用上而言，都还有许多的谜底等待我们去研究、去揭开。

自旋是微观粒子的内在特性，是1种内禀角动量，具有角动量的量纲。在量子力学中，粒子的自旋通常是1个正整数、0或者半奇数 l，也被称为“自旋量子数”，简称“自旋”。这个特点表示自旋是量子化的，总是等于1个基本角动量 $\hbar$ 的整数倍或者半整数倍 $l\,\hbar$。比如说，光子的自旋是1，自旋1的粒子的自旋量子数可以取3个数值：−1、0、+1，但是因为光子的静止质量为0，说明光子只能以光速运动，使得可以测量到的光子的不同量子态只有两个：−1和+1，分别对应于两个不同方向的圆偏振光。电子的自旋是1/2，可以取两个数值：+1/2、−1/2，通常用“上”“下”来标记。自旋为整数的粒子，叫作“玻色子”；自旋为半整数的粒子，叫作“费米子”；玻色子和费米子服从两种不同的统计规律。玻色子服从的统计规律叫作“玻色-爱因斯坦统计”，服从这种统计规律的粒子，大家不分彼此，可以挤在一块儿同居一室。意思是说，许多玻色子可以同时处于同样的量子态。费米子服从的是费米-狄拉克统计，这种粒子是独行大侠。也就是说，费米子服从泡利不相容原理，每一个量子态只能容纳1个费米子。电子是自旋为1/2的费米子，本书中大多数情况说到自旋时，一般都是指电子的自旋。

人们通常将电子自旋的直观图景想象成类似地球的自转，这种图景来自于原子结构的行星模型，如图2-7-1(a)的左图所示。但事实上，微观世界中绕核运动的电子并不像行星那样具有固定的轨道，电子运动的直观图景更像是弥漫环绕在原子核周围的电子云，电子以一定的概率出现在空间的某一点，如图 2-7-1(a)的右图所示。

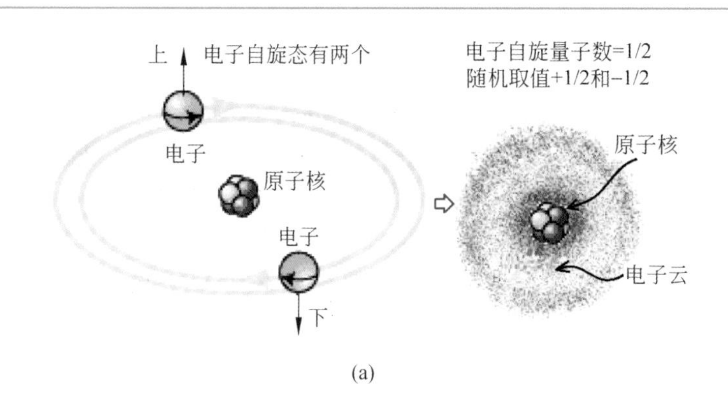

(a)

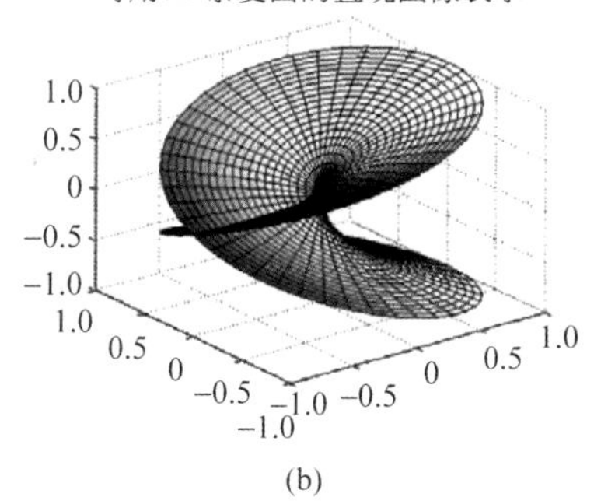

(b)

图 2-7-1　电子自旋

(a) 自旋与自转不同，电子没有确定轨道，如同电子云；(b) 自旋空间的对称性转两圈才回到原状

人们经常将自旋用一个箭头来表示，看起来与矢量的表达方式相同。经典的角动量可以表示为一个矢量，但自旋并不是一个矢量。每一种基本粒子都具有特定的自旋(正整数、0 或半奇数)，复合粒子的自旋则由构成它的基本粒子的自旋按照量子力学中角动量的求和法则相加而得到。这个量子数有点像是一个矢量的幅度大小，但其数值不会改变。自旋也有方向，但不等同于矢量的方向，而是以一种微妙的方式出现。

比如说，经典物理中的角动量是三维空间的 1 个矢量。我们可以从不同的方向观察这个矢量而得到不同的投影值。如图 2-7-2(a)中朝上的经典矢量，当我们从右边观察它时，它的大小是 1；从下面观察时，投影值为 0；而从某一个角度 α 来观察的话，则得到从 0～1 之间随角度连续变化的 $\cos\alpha$ 的数值。

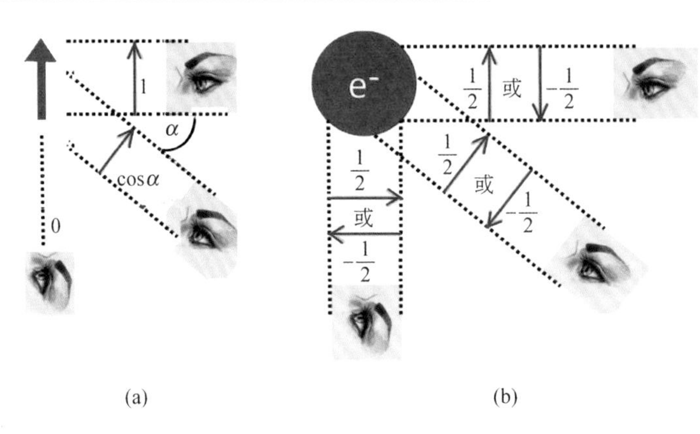

图 2-7-2　自旋和矢量不同

(a) 从不同角度观察矢量；(b) 从不同角度观察自旋

如果观察电子的自旋，结论就大不一样。自旋角动量是量子化的，无论你从哪个角度来观察电子的自旋，你都可能得到也只能得到 2 个数值中的 1 个：1/2 或 −1/2，也就是所谓的“上”或“下”，如图 2-7-2(b)所示。测量其他数值的自旋，也是类似的结果。比如测量光子的自旋，只可能得到 1、−1 的数值。

我们将“上”或“下”两种状态叫作电子自旋的本征态。而大多数时候，电子是处于两种状态并存的叠加态中。叠加态的情况则可以反映一定程度的自旋“方向”。也就是说，虽然测量电子自旋时只能得到 2 个量子化的数值，但是不同的自旋叠加态在不同角度测量时，得到 1/2 的概率不同于得到 −1/2 的概率，2 个概率的不同组合便对应于不同的叠加态。

此外，在电子自旋空间的旋转也不同于在普通空间的旋转。当在自旋空间中转一圈之后，不能回到原来的状态，就像图 2-7-1(b)中，如果有个小人沿着图中的黎曼面移动一圈之后，并不能回到原来的位置一样。也可以看出如果图中那个小人继续它的黎曼面旅行，再走一圈之后，就会回到原来的位置了。图 2-7-1(b)中的

黎曼面是根据复数 Z 的平方根画出来的，由此可见，电子自旋空间的旋转性质正好与“复数平方根”的性质相类似。

电子自旋的物理意义，可探究的问题很多：这个内禀角动量到底是个什么意思？自旋究竟是怎么形成的？为什么费米子会遵循泡利不相容原理？为什么自旋是整数还是半整数，决定了微观粒子的统计行为？

与自旋相关的数学概念也很有趣。我们即将介绍的群论是其一。此外，自旋也与哈密顿发明的四元数(w, i, j, k)有关。数学家的脑袋里总是盘旋着一些古怪的东西，哈密顿就是如此一位学者。哈密顿是爱尔兰人，在都柏林度过了他平静而伟大的数学人生。夫妻二人经常沿着都柏林的皇家运河优哉游哉地散步，夫人看风景，哈密顿则琢磨数学问题。有一个哈密顿思考多年的问题就是在1843年散步时突然开窍的，他立即将它刻在了金雀花桥的一块石头上：$I^2=j^2=k^2=ijk=-1$。这便是哈密顿所发明的四元数的基本运算公式之一。读者也能看出，这3个 i, j, k 的性质，像是原来的虚数 i，却又不是那个原来的虚数 i：它们的平方都是-1，这点像是虚数 i。但是，如果将它们看成 i，那后面一条等式不会成立，这又是什么意思呢？哈密顿将这“虚而不虚”的3个东西，再加上另外1个实数 w，结合在一起被称为“四元数”。原来，哈密顿的目的是要将复数的概念扩展到更高的维数，但思考多年都未得其果，散步时灵光闪现，才发现他的这种四元数代数必须以牺牲原来的实数和复数中乘法的交换律为代价，那其实也就是上面最后一个公式所表达的意思。根据哈密顿四元数的定义，进行一点简单的代数运算便能发现：i, j, k 的乘法是互不对易的。换言之，四元数运算是复数运算的不可交换延伸。

之前曾经说到，泡利将自旋粒子的波函数用旋量描述。旋量也是个奇怪的东西，在三维欧氏空间中，标量是0阶张量，矢量是1阶张量，矩阵是2阶张量，泡利二维旋量的位置在哪里呢？旋量好像是一个标量和矢量之间“半路杀出来的程咬金”。在一定的意义上，它可以被当作矢量的平方根，这点可以简单说明如下：

二阶旋量是二维复矢量，对旋量 $s=(n_0, n_1)$，可以用泡利矩阵构造一个三维矢量 $\mathbf{V}=(V_1, V_2, V_3)$：

$$V_i = s^{\dagger}\sigma_i s \tag{2-3}$$

式(2-3)中，† 是转置共轭。

因为泡利矩阵是厄米矩阵，所以 V 是三维实矢量，反过来有

$$s^{\dagger}s = |\mathbf{V}|_{\boldsymbol{I}} + V_i\sigma_i \tag{2-4}$$

式(2-4)中的 $\boldsymbol{I}$ 是 2×2 单位矩阵。左边是旋量的平方，右边与三维实矢量 V 的线性表示有关。在这个意义上，旋量 s 可以看作三维矢量 $\mathbf{V}$ 的“平方根”。

看起来，“平方根”运算产生了不少新玩意儿，狄拉克方程也是由算符开平方而得到的，其中又引进了四维的狄拉克旋量。有关旋量的更多数学概念请见文献[11]。

旋转群、四元数、旋量，这些与自旋相关的数学，又都与 Clifford 代数有关。

奇怪的是，像自旋这样一个抽象的内禀物理概念在实际应用上也神通广大，它解释了元素周期律的形成、光谱的精细结构、光子的偏振性以及量子信息的纠缠等。现在又有了一个方兴未艾的自旋电子学，可以用它来解释物质的磁性、研发新型电子器件，将来也许会在工程界发挥大用途。

8. 造物者的灵符

歌德在其脍炙人口的著名作品《浮士德》中，如此描述浮士德悟出“宇宙的灵符”时茅塞顿开的欢愉心态：“写这灵符的莫不是位神灵？它镇定了我内心的沸腾，使我可怜的寸心充满了欢愉，以玄妙的灵机揭开了自然的面纱。”

最小作用量原理无疑是大自然最迷人的原理之一。它以其简洁和美妙的形式使物理学家感到震撼，就像歌德描述的浮士德一样。

人类总是以自己是高等智慧生物而自傲，这是理所当然的，因为在地球上只有人类才具有高级思维的能力。人类懂科学，会各种计算。特别是现代社会以经济结构为主导，无论是国家、社团、企业，乃至个人，都讲究方法、追求效益，试图用最少的成本办最多的事情。

造物主似乎也喜欢“极值”。难道上帝也懂得经济学？它按照某种“花费”最小的方式设计了物理定律，创造出这个世界。物理学家们，正如爱因斯坦所期望的，窥探到了那么一点点上帝创造世界的秘密，于是高兴得心花怒放，将其称为“最小作用量原理”。

不仅是爱因斯坦热衷于他的统一梦，事实上，“走向统一”是任何科学研究领域中的目标之一。因为统一性表达了一种简约之美。科学研究的动力，有时候就来自于对大自然造物简单性的一种信念。科学家们相信大自然中存在着一些基本的原理，这些原理在许多场合都能适用，比如大家熟知的能量守恒、物质守恒等。最小作用量原理也是这样一条几乎处处适用，带点“统一”意义的基本原理。

光在同种介质中自由传播时，总是走最短的路径——直线；不受作用力的物体，也是保持静止或匀速直线运动。即使光线在不同介质中产生了折射现象，那也是它保证的整个路线花费时间最小的结果。此外，在地球的重力场中抛出去的石头，其轨迹是一条形状一定的抛物线；蚂蚁按照一定的路线觅食，其路线也符合时间最小的原则。也就是说，上述种种不同的自然现象，虽然遵循着不同的自然规律，但却有它们的共同之处：这些现象都是某种物理量取"极值"的表现。这是什么物理量呢？科学家们给它一个名字：作用量。自然现象总是使得作用量取极值，这就是"最小作用量原理"。

根据最小作用量原理，物理系统的运动规律总是使得系统的作用量取极值。也就是说，只要知道了物理系统"作用量"的表达式，然后根据变分原理求极值，就可以得出该系统的物理规律来。不同物理系统有不同的运动规律：经典的力学系统符合牛顿的力学三大定律，经典电磁系统符合的是麦克斯韦方程，广义相对论中有引力场方程，量子力学中有薛定谔方程、狄拉克方程等。最小作用量原理为物理学家们提供了一种统一的方法，以使得对不同的物理系统能推导出不同的方程来。使用这个方法的关键，是要能够写出系统的作用量函数表达式 S。而作用量 S 又能写成拉格朗日函数对时间的积分，如图 2-8-1 所示：

作用量的定义 $$S = \int_{t_1}^{t_2} \mathcal{L} \mathrm{d}t$$

牛顿力学中：动能　势能

$$\mathcal{L}(\dot{x}, x, t) = T - V = \frac{1}{2}m\dot{x}^2 - V(x, t)$$

图 2-8-1　作用量和拉格朗日函数

图 2-8-1 公式中的$\mathcal{L}$便是拉格朗日函数，或称"拉格朗日量"。因此，利用最小作用量原理，物理学家们在研究不同领域的问题时有了一种统一的语言："写出系统的拉格朗日量。"因为一旦给出了拉格朗日量，就给定了作用量。然后，也就能从变分法给出系统的方程，也就是给出了"物理定律"。

那么，如何才能知道系统的拉格朗日量呢？这一点在最开始使用作用量原理的年代比较困难。但后来，当物理学家们研究了各种系统，越来越有经验的时候，就不是那么困难了。此外，当我们已经知道了一些物理定律，比如上面所列举的牛顿运动定律、麦克斯韦方程等，也可以倒推而猜出作用量表达式或者拉格朗日量的表达式来。这听起来有点像“鸡和蛋”的关系，到底是先有物理方程，还是先有作用量呢？历史经验表明，一般是先有物理方程。既然方程已经有了，那么作用量又有什么用呢？毕竟多一种研究方法便多一层对大自然的深刻认识。回想一下在中学物理中解决力学问题时，我们可以用牛顿定律来求解，也可以使用能量和动量守恒的观点来求解。显然，能量守恒和动量守恒是比牛顿定律更为基本的物理原理。但是，两者皆备，相辅相成，使我们对自然规律的理解更为深刻，何乐而不为呢？

还是回到如何得到拉格朗日量的问题。比如说，在牛顿力学中，如图 2-8-1 所示，一个粒子的拉格朗日量等于它的动能减去势能。这听起来好像又有些奇怪：为什么是动能减势能？什么意思啊？为什么不是动能加势能？那样似乎还可以理解它的物理意义，不就是总能量吗？读者的问题很有道理，动能加势能在分析力学中对应的是哈密顿量。哈密顿量也很重要，哈密顿和拉格朗日都对分析力学做出了重要贡献，使用哈密顿量表述的哈密顿正则方程与最小作用量原理的表述是等效的，都能导出牛顿运动定律。不过，大自然安排给哈密顿量的角色是“守恒”，不是“极值”，极值的角色是由作用量 S 来表演的。在作用量 S 的表达式中，被积函数是拉格朗日量$\mathcal{L}$，而非哈密顿量 H。所以，作用量 S 是拉格朗日量$\mathcal{L}$对时间的累积效应。也许可以将拉格朗日量解释为某种“cost”（花费）。大自然是个经济学家，它设计的自然规律是要使时间累计的花费最小。落实到单粒子牛顿力学的情况，这种“花费”表现在动能和势能之差。看起来，大自然也是个懒骨头，不喜欢在动能和势能间转换来转换去，它的法则是使得粒子的动能和势能差别之时间累积为最小。

最小作用量原理、拉格朗日量、哈密顿量这些名词，在经典力学中的位置看起来没有那么重要，处于可有可无的地位，诸位所熟知的恐怕还是牛顿定律。但是，到了量子理论中，人们就更喜欢用这些术语来描述物理系统了。原因之一是量子论中的不确定性。比如刚才说的单个粒子，在经典物理中，用牛顿定律算出它的轨道比讨论拉格朗日量更直观。但是在量子理论中，粒子已经没有了确定的轨道，而只有“弥漫”于整个空间的波函数。这种情况下，波函数难以求解，又不能给出运动的直观图像，还不如研究哈密顿量和拉格朗日量。后面两者似乎更有用处，因为从研究哈密顿量的性质，可以得出粒子可能具有的能级；而从研究拉格朗日量，能深入探讨量子现象和经典运动的联系。总结成一句话：知道了系统的拉格朗日量，就可以由最小作用量原理确定系统满足的物理规律。

所以，我们从一个单粒子（经典电子）的最简单情况开始，研究一下几种相关情形下作用量的形式。因为作用量总是表示成拉格朗日量的积分，所以只需要研究拉格朗日量（或称"拉格朗日函数"）的形式就可以了。

如图 2-8-2(a)所示，一个在势场 $V(q)$ 中运动的质量为 m 的经典粒子的拉格朗日函数是它的动能与势能之差。式中的 $q=q(t)$，表示这个粒子的位置，$(\mathrm{d}q/\mathrm{d}t)$ 表示粒子的速度。粒子的位置和速度都是随着时间变化的函数。

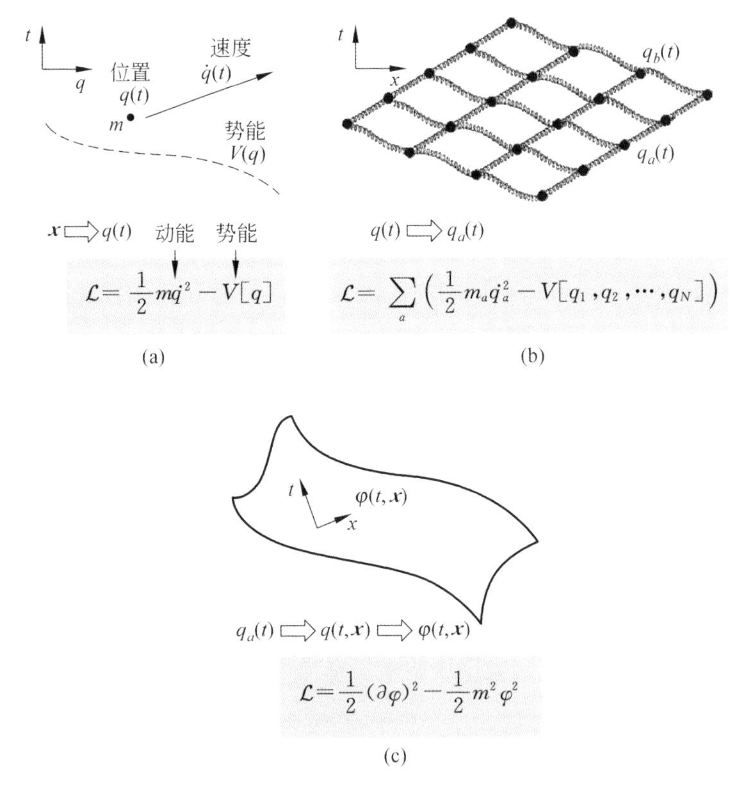

图 2-8-2　从单粒子到场的拉格朗日函数表达式

(a) 势场中一个运动粒子；(b) 多个谐振子构成的系统；(c) 时空中的"场"

从单粒子的作用量很容易推广到空间中布满了多个谐振子的情况，如图2-8-2(b)所示。图中的$q_a(t)$表示第a个谐振子的位置函数，m_a是谐振粒子的质量。这种多粒子系统的拉格朗日函数仍然是总动能减去总势能的形式，只不过对所有的粒子求和而已。势能应该包括粒子之间的相互作用势能和其他外场的势能。如果不存在其他外场，相互作用的势能只与谐振子之间距离的平方有关。

为什么要使用这个空间充满了谐振子的模型呢？目的是想为今后浅谈一点"场论"铺平道路。首先想想我们最熟悉的"场"，除了引力场之外，说来说去当然还是电磁场广为人知。不过，绝大多数读者，特别是非物理专业的，所熟悉的是经典电磁场。这里所谓"经典"的意思就是说与量子没有什么关系。这在麦克斯韦创立电磁理论的时代的确是这么回事，但是到了1905年爱因斯坦利用光量子来解释光电效应之后，情况就有了变化。实际上，那时候的爱因斯坦已经在物理概念上将电磁场"量子化"了，也就是说，有了电磁场是由一个一个光量子组成的概念。爱因斯坦认为，每一个光量子都具有能量$E=h\nu$，这份能量只与频率有关，由此才成功解释了光电效应。光量子具有固定频率的事实，使人们很自然地联想到谐振子。并且，这种既是粒子又是波的"波粒二象性"，既能用到光子上，也能用到电子和其他微观粒子上。因此，从量子的角度，我们便可将弥漫于空间的"场"，想象成密密麻麻均匀布满空间的谐振子了。因为谐振子在场所在的空间中无处不在，并且互相之间的距离很小，我们又可以把它们从一个一个分离的状态，改换成用连续的函数来描述。具体过程如图2-8-2(c)所示的，首先将谐振子的分离位置函数$q_a(t)$，用连续函数$q(t,x)$代替，然后再按照通常表示"场"的符号，写成$\varphi(t,x)$。此外，求和符号则用时空中的积分替代。而原来的经典拉格朗日量，则变成了时空中的拉格朗日量密度。"场"，就是充满空间的谐振子的连续化。

不喜欢数学公式的读者，也不用被图2-8-2中的几个公式吓倒。写出公式的目的，只是为了说明，无论是描述单个粒子、谐振子，还是描述场，拉格朗日量都有看起来颇为类似的形式：动能减势能。动能部分是两个变量的微分相乘，势能部分是两个变量相乘。经典粒子和量子"场"，只不过拉氏量中的变量不同而已，经典粒子的变量是它的位置函数$q(t)$，场的变量是场函数$\varphi(t,x)$。

9.

费曼的游戏

费曼是一位颇具直觉的物理学家，他在中学时代了解最小作用量原理时，就像歌德描述的浮士德一样，被这"造物者灵符"的简洁和美妙所震撼。这份震撼长存于心，最后终于将它应用到量子理论中，成功铸成"费曼路径积分"的理论。

最小作用量原理的实质是"选择"，处处都存在选择。条条大路通罗马，古代聪明智慧的将军选择了那条最短的路而成功占领了罗马。物竞天择、适者生存，自然选择是达尔文进化论的中心思想。另外，在人生的道路上也是如此，每个人的生命中都会面临好多抉择的关键点：求学、求职、出国、入伍、恋爱、婚姻等，不同的选择也许带给你完全不同的人生。从图 2-9-1 可见，不同路径的可能性很多，但人一生最终只能走其中一条。

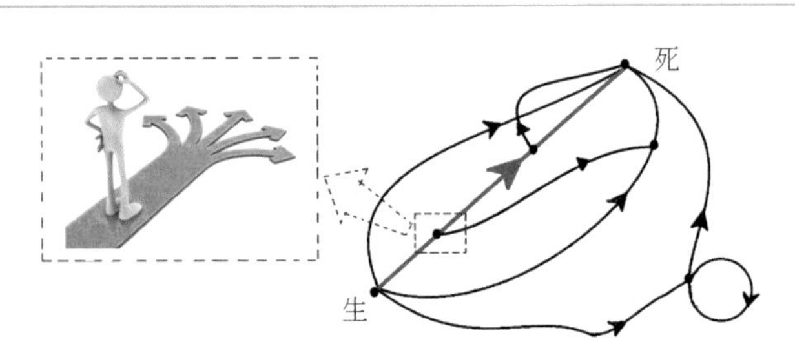

图 2-9-1　人生的道路上面临各种选择

物理规律也是"选择"的结果。大自然选择作用量具有极值的那条路径。不同路径具有各种选择的可能性，正好与量子理论的概率诠释不谋而合，因而被费曼借来构造量子论。量子力学中不是已经有了薛定谔方程、狄拉克方程、克莱因-高登方程吗？费曼还要加上一个“路径积分”干什么？

实际上，物理规律的表达有两种方式：局部的和整体的。如用图 2-9-1 中有关人生道路的选择来做类比，那就是说，人生可以局部地看，也可以整体地看。局部意义上的“抉择”，可能是根据许多当时、当地的条件和环境而做出来的，整体的眼光则包含了一定的预测成分。这个比喻用于物理不是很恰当，因为人生道路的选择参与了很多个人的、主观的、人为的因素，每个人的想法都不同，每个人所处的环境、时代以及性格和人生经验也都不同，而物理现象却是由普适的大自然规律所决定的。

言归正传，对应于物理规律的局部表述和整体表述，便也有了微分和积分数学模型之分。微分方程是从局部的观点来描述自然规律，最小作用量原理和路径积分则是用积分的方式来表达。可举牛顿力学的例子来简单说明两种方式之区别：炮弹（从 A 点）被发射到空中，画出一条抛物线后击中目标 B。炮弹为什么走这条路而不是另一条路？有两种方法来理解。局部地解释是[图 2-9-2(a)]，在运动的每个瞬间，炮弹因为受到了所在位置的重力及阻力的作用，而遵循牛顿运动的微分方程。此时此刻的位置、速度、加速度和力，决定了下一个相邻时刻（$\mathrm{d}t$）的位置（$\mathrm{d}x$）。无限小间隔 $\mathrm{d}t$ 和 $\mathrm{d}x$ 之间的关系由联系力和加速度的微分方程决定。整体的观点怎么说呢？炮弹从出发点 A 到目标 B，之所以走了这条抛物线而不是另一条抛物线或别的任何路径，是因为沿着这条抛物线，最小作用量取极值，如图 2-9-2(b)所示。

上述两种方式用到量子力学中，便分别对应于薛定谔方程和费曼路径积分。费曼路径积分，实际上应该被称为“狄拉克-费曼路径积分”，因为这种思想最初是由狄拉克提出的，当时的狄拉克想要寻找一种能够平等对待时间和空间的量子力学表述方式，他相信最小作用量原理可以在量子力学中发挥作用。到 20 世纪 40 年代，费曼在普林斯顿大学跟着导师约翰·惠勒做博士的期间，将狄拉克 1933 年的文章的部分思想加以发展，并写进了他的博士论文中。不过后来，第二次世界大战爆发，费曼和惠勒都参与了曼哈顿计划，直到战争结束，费曼才又继续研究和完善了路径积分的理论，并将其用于量子力学和量子场论。

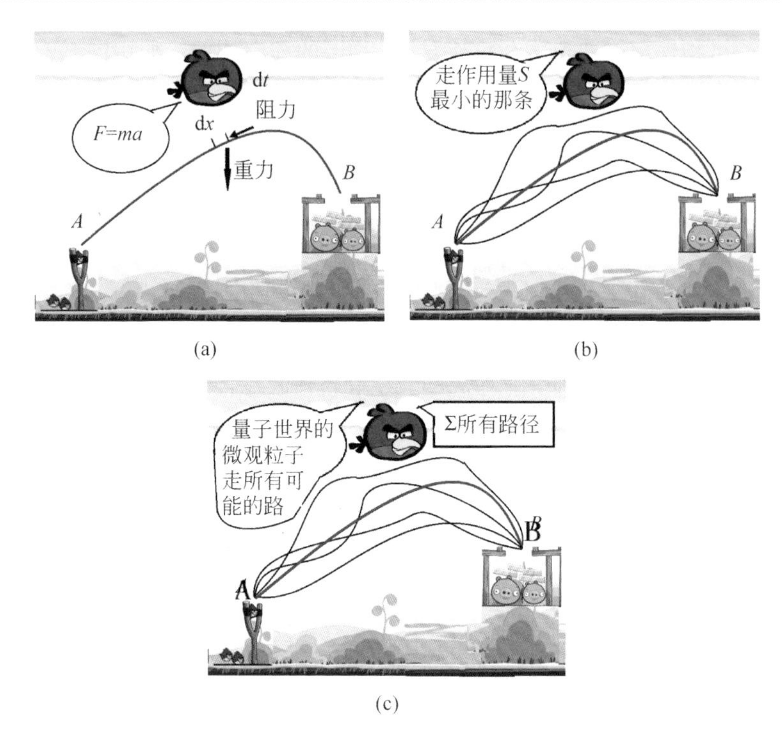

图 2-9-2　从不同角度研究物理规律

(a) 局部观点看待抛体运动；(b) 从最小作用量原理解经典力学问题；(c) 量子力学中所有路径都有贡献

我们回到上面所举的经典抛射体的例子。根据最小作用量原理，抛射粒子从发射点 A 到目标 B，走的是那一条作用量最小的路线。有趣的是，当我们用整体的观点来解释物理规律时，抛射体好像被赋予了某种"灵性"，它似乎知道它该如何行动，才能走上那条作用量的极值之路。就像救生员穿过草地再游泳去救援溺水之人时，他能够判断并选出一条到达目的地的最快路线一样。人类这种复杂生物体天生具有灵性，可结构简单的经典粒子的"灵性"从何而来，就不知道了。那么，如果被抛射的不是宏观物体，而是微观世界中更简单、尺寸更小的粒子(比如像电子这样的基本粒子)的话，应该就没有什么灵性了吧？不妨想象这些量子力学中的粒子，没有经典粒子那么精明，不会选择作用量为极值的道路，不过它们却有一种类似“波动性”的特殊本领。这种本领使得它们不是从一条路，而是走过了从 A 到 B 所有可能的道路后到达 B[图 2-9-2(c)]。正如费曼所说“电子可以做任何它喜欢做的任何事”，往任何方向前进、后退、拐弯、绕圈……甚至于时间上也可以向前或向后，最后到达 B。换言之，费曼将这种想法应用到量子力学中，对电子从 A 到 B 的所有可能的“历史”求和，最后得到和薛定谔方程解出的联系 A、B 的波函数一样的结果。人们将这种方法叫作“费曼路径积分”。

当费曼告诉弗里曼·戴森(Freeman Dyson，1923—2020)他的“对历史求和”版量子力学想法时[12]，戴森说：“你疯了！”对啊，一个电子怎么可能走所有的路呢？并且，电子路径的时间怎么可能是向后的呢？费曼哈哈大笑说：“没有什么是不可能的啊！”又风趣地说：“倒着时间运动的电子，就是顺着时间运动的正电子嘛，其实这个想法来自约翰·惠勒，是我偷来的！”

如图 2-9-3 所示，在费曼路径积分中，对于从 A 到 B 的传播子(或称“概率幅”)，每条路径都有贡献。每条路径贡献的幅度大小是相同的，但相位不同，其相位与沿着该路径的作用量有关，即等于 $e^{iS(A,路径,B)/\hbar}$，其中 $S(A,路径,B)$是该路径的作用量值。总的概率幅为所有路径所贡献的概率幅之和。这与经典力学的情况不同。在经典力学中粒子是按确定的经典轨道运动的，这个轨道上的作用量 S_0 有极值，即$(\delta S)|_0=0$。

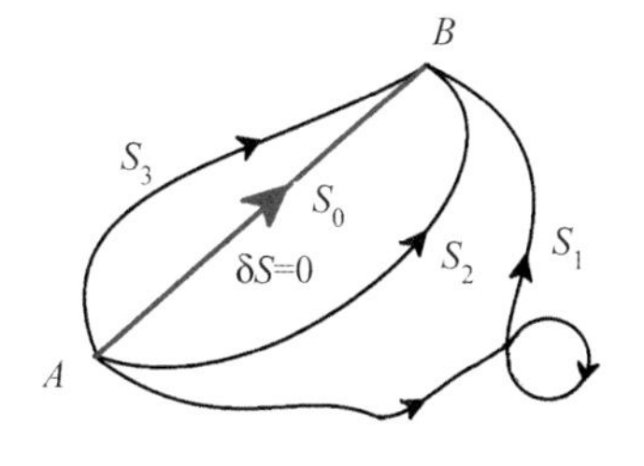

图 2-9-3　费曼路径积分

刚才提到的弗里曼·戴森和约翰·惠勒，两位都是理论物理界的大师级人物，但都没有得到诺贝尔奖。惠勒是费曼的老师，戴森和费曼同为量子电动力学做出了重要的奠基性的贡献，戴森涉猎的研究范围很广，从粒子物理、天体物理到生命起源都有所研究，他是没有获得博士学位却成为了数学物理中大师级人物的典型范例。

图 2-9-4　量子电动力学的创建者

量子电动力学(quantum electrodynamics，QED)是量子理论中的一颗明珠，它使用量子场论的方法，成功地描述了光和粒子间的相互作用，对异常磁矩及氢能阶兰姆位移等的计算结果，与实验值精确地符合，充分显示了理论的魅力。这个理论开始于 20 世纪 20 年代末，狄拉克在建立了电子的相对论运动方程，并用狄拉克海的观点预言了正电子之后不久便认识到，一个真正完美结合相对论和量子力学的理论，不能只描述单个电子，而必须是一个"场"的理论。于是他开创性地将电磁场进行量子化，提出粒子的"产生"和"湮灭"算符的概念。但后来，因为实验精度的限制，这种"场论"方法遭遇挫折，沉寂、停止了 20 年，直到 20 世纪 40 年代后期。

戴森于 1923 年出生在英国，尽管他没有博士学位，却全凭实力在 20 多岁就得到物理学家汉斯・贝特(Hans Bethe，1906—2005)的赏识，当上了美国康奈尔大学的教授。那个时候，正好物理学家兰姆等人在哥伦比亚大学完成了用微波探测氢原子的实验，取得了非常精确的结果。贝特直觉感到这个实验结果为量子理论的发展创造了机会。之后，日本的朝永振一郎和哈佛的朱利安・施温格用场论进行计算，费曼也试图用他的路径积分理论解释这个成果。戴森与施温格、费曼等合作，靠着他强大的数学运算能力，精确地计算出了氢原子的兰姆位移。他们的计算结果与兰姆的实验令人惊奇地吻合，精度达到 10^{-11}。他还发展了重整化理论，解决了计算中无穷大的问题，为狄拉克早期创立的量子电动力学翻案，证明了这个理论是正确的。

因为上述贡献，朝永振一郎、施温格和费曼三人分享了 1965 年的诺贝尔物理学奖，贝特也在 1967 年获得诺贝尔物理学奖。QED 的几个奠基者中，唯有戴森被诺贝尔奖“忽略”了，可见世界永远不可能是那么公平的。

戴森只是与诺贝尔奖未曾结缘，除此之外，他曾经得到的奖项还是可以列出一长串的。他还就大众及其关心的“全球暖化”问题，发表独见，引起了不少争议，这是题外话。

10.

粒子和场

世界的本源是什么？是物质和运动。那么，物质和运动的本源又是什么？如果将“本源”理解为构成世界的最基本成分的话，根据目前大多数物理学家所认可的“标准模型”，这些基本成分归结为62种基本粒子和4种相互作用。实际上，相互作用在“基本粒子”表中也有它们所对应的“作用传播子”，所以不妨将世界当作是这62种基本粒子组成的。然而，虽然仍然把它们称作基本“粒子”，但它们已经远不是人们头脑中那种经典的、一个一个小球模样的“粒子”形象了。上面这句话其实不完全正确，对光量子或电磁场而言，粒子说和波动说一直都在交叉地争夺天下。原来那种“小球粒子”，主要是针对电子、原子、质子、中子一类的“物质粒子”而言的。

1900年诞生的量子力学，摧毁了经典粒子和经典场的形象[13]。所有问题都是这个奇怪的“量子”带来的，量子力学赋予了光波以粒子的属性，又粉碎了实物粒子的经典图像。按照经典的说法，实物由粒子构成，光和引力是场。但量子力学的诞生模糊了两者的界限。实物粒子表现出波动性，电磁场却表现出了粒子性。“9.费曼的游戏”一节介绍的路径积分方法十分确切地将这两者统一在同一个思想框架中：量子力学可以被看作是经典运动在微观尺度下的修正，这些修正来源于不同的路径，在相位上相对于经典路径成指数衰减，它们使经典的轨道和环境都变得“模糊”起来。

既然粒子和场之间是模模糊糊的，并没有明确的界限，为何不干脆将它们都用一种单一的“形象”表达出来呢？回答应该是肯定的，这也算是统一的第一步吧。然后，下一个问题便是：这个形象应该是粒子为本，还是场为本呢？也许你可以说，两者都是“本”，一切都既是粒子又是波，既是波又是粒子。但大多数的人都认为只应该有一个本体，到底哪一个才是更基本的？并且，当物理学界构造理论和数学模型时，也需要决定首先构造哪一个。最后，物理学家们选择了“以场为本”，并将此理论取名为“量子场论”。显而易见，量子场论还应该与狭义相对论相容[14]。

从历史角度看，量子场论的提出与之前介绍过的狄拉克方程有关。狄拉克的电子方程本来是用来解释单个电子的相对论运动状态的，但是，它却引导出了无限多的负能量的能级。为此，狄拉克不得不假设了一个狄拉克海的概念，认为真空中的负能级上已经充满了电子，偶然出现一个“洞”，便意味着出现了一个正电子。虽然这个理论成功地预言了正电子的存在，但并不说明这个理论就是完全正确的。狄拉克的本意是像薛定谔方程那样，得到单电子的波函数，最后却想不到拉扯出了无穷多个电子。无穷多个电子存在的状态，还能被称为“真空”吗？真空中无穷多个能级被占据，也导致了无限大又不可测量的能量密度。

此外，这种思维方式是基于电子这种费米子所遵循的泡利不相容原理。如果试图以类似的方式来建立玻色子的方程就不适用了，因为玻色子并不受泡利不相容原理的束缚。既然狄拉克海的解释涉及了无穷多个电子，还不如一开始就考虑多电子的运动而不要只考虑单电子的运动。正电子也可以从一开始就冠冕堂皇地进入理论中，而没有必要作为真空的一个空洞而出现。所以，狄拉克海的假设虽然不完善，这种“真空不空”的思想却被大家接受并移植到量子场论中。对量子场论还有另外一个要求：要能够处理粒子数变化的情形。量子力学提供的是单电子图景，电子数是固定的，永远是那一个电子。而描述光子运动的麦克斯韦电磁理论，虽然方程描述的电磁场是弥漫于空间中的“场”，但是，也无法处理光子数改变的情况，比如说，应该如何描述原子中因为电子状态的跃迁而辐射光子的过程？如果系统中本来没有任何经典电磁场存在，为什么突然就冒出了几个光子呢？这种现象是经典电磁场无法解释的。

按照量子场论的观点，每一种基本粒子，都应该有一个与它对应的场。这些场互相渗透、作用、交汇在一起，就像大气那样充满了整个空间。真空被看作各种量子场的基态，粒子则被看成是场的瞬息激发态，例如电子和正电子是电子场的激发态，夸克是夸克场的激发态……不同的激发态有不同的粒子数和不同的粒子状态。不同场之间的相互作用，引起各种粒子的碰撞、生成、湮灭等过程，用作用在这些量子态上的算符（包括产生、湮灭、粒子数算符等）来描述。20世纪20年代末，狄拉克、约旦和维格纳等人，为量子场论建立了一套被称为“正则量子化”的数学模型。根据这个模型，麦克斯韦的电磁场，以及从薛定谔方程、狄拉克方程等解出的波函数，都可以被量子化。人们称这种方法为“二次量子化”，意思是有别于量子力学中求解波函数的量子化过程。

实际上，“二次量子化”只是一种因为历史过程而形成的说法。从费曼路径积分的观点，可以说不存在什么“一次”“二次”量子化的问题，因为路径积分的思想对两者是一样的，只是讨论的对象不同而已。量子力学中研究的是单粒子的时空运动：一个粒子从时空中一个点到达另一个点的总概率幅，等于所有可能路径的概率幅之和。在量子场论中，研究的是系统量子态的演化：系统从一个状态过渡到另一个状态的总概率幅，也是等于所有可能演化路径的概率幅之和。两种情形下的路径积分，用的是形式相同的统一公式（图2-10-1中公式）。

路径积分应用到量子力学和量子场论的区别只是在于积分的空间不同，以及拉格朗日量表达式的不同。量子场论路径积分表达式（图2-10-1）中包含两个积分：一是对所有路径贡献的概率幅求和。对各种不同系统而言，在它可能历经的所有路径构成的空间中进行。出现在指数函数中的另一个积分，是对某个给定的路径，从拉格朗日函数密度计算作用量时的积分，在场分布的真实空间中进行。因为量子场论是量子力学和相对论结合而成，第二个积分空间的维数通常是（$n=1+m$）。当$m=3$时，这是包括时间和三维空间的闵可夫斯基空间（不考虑引力的话）。当$m=0$的时候，计算作用量的积分空间只有一维时间轴（t），图2-10-1中公式便简化、回归到单粒子量子力学的情况。另外，空间维数m也可以扩展到大于3的情形，等于10或者别的什么正整数值都行，其数学表达式都是类似的，只需要根据具体情况将物理意义加以推广到高维而已。

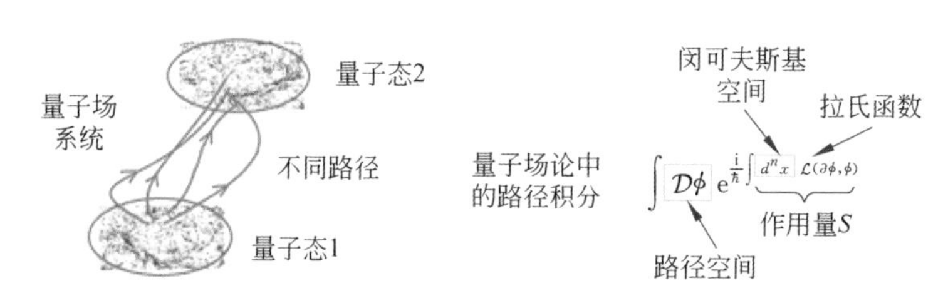

图 2-10-1 量子场论中的路径积分

图 2-10-1 中的路径积分表达式是最小作用量原理的量子场论版。

我们在"9. 费曼的游戏"一节中曾经指出：对应于作用量最小的那条轨道是经典粒子的轨道，如果令 S 的变分为 0，可以得到欧拉-拉格朗日方程，再进一步可以导出经典粒子的运动规律，即牛顿定律。类似地，从图 2-10-1 中的公式出发，设定变分为 0，也能对应于一条系统演化的经典轨道。相应的欧拉-拉格朗日方程被称为施温格-戴森方程。换言之，从量子场论的观点看，施温格-戴森方程是欧拉-拉格朗日方程的量子场论版，是该系统的某种经典场描述。例如，对标量场而言，在一定的条件下，施温格-戴森方程成为克莱因-高登方程。换句话说，从量子场论的观点看，量子力学中描述单粒子运动的波函数是一种经典场。

无论是用正则方法，还是用路径积分，量子场论中的具体计算都不容易，对复杂的系统更是困难重重。比如说，所谓的"路径空间"实际上是一个无穷维的空间，积分是无穷维重积分，一般无法精确计算。

不过，观察一下图 2-10-1 中的两个积分可知，路径积分的计算结果依赖于拉格朗日函数的具体形式。之前我们说过，经典粒子及场的拉氏函数，大致都是如图 2-10-2 中所示的某种"动能减势能"的形式。

动能部分稍微好办一些，因为它们是场(或者场的微分)的二次项。如果没有后面势能 $\lambda V(\phi)$ 一项的话，经过一系列繁复的代数运算之后，最终可以将路径积分的结果表示成图 2-10-2 中所示的高斯积分的形式。势能项描述的是相互作用，当相互作用比较小而被忽略不予考虑的情况下，得到的便是"自由场"的结果。

经典粒子： $\mathcal{L}(\dot{x},x)=T-V=\frac{1}{2}m\dot{x}^2-\boxed{\lambda V(x)}$

λ较小

量子场论： $\mathcal{L}(\partial\phi,\phi)=\left(\frac{1}{2}(\partial\phi)^2-\frac{1}{2}m^2\phi^2-\boxed{\lambda V(\phi)}\right)$

高斯积分 $\int_{-\infty}^{\infty}\mathrm{e}^{-x^2}\mathrm{d}x=\sqrt{\pi}$

图 2-10-2 拉格朗日函数

对于复杂而任意变化的相互作用，物理学家也想出了一些可行的办法。因为势能部分 $\lambda V(\phi)$ 的大小取决于相互作用常数（假设为 λ），当 λ 比较小的时候，可以将拉氏函数中包括 $\lambda V(\phi)$ 的指数函数用 λ 的泰勒级数展开，展开式通常被称为“戴森级数”，它描述了相互作用对自由场的各级修正。

费曼提出了一种形象化的方法来表示戴森级数，叫作费曼图。费曼给费曼图制定了一套简单形象的规则，可以很方便地计算粒子因相互作用产生的各种反应的散射截面（即发生反应的可能性），欲知详情，请见参考文献[15]～文献[17]中所列的任何一本量子场论参考书。

费曼图的两个简单例子如图 2-10-3 所示，描述了发生在二维时空 (x,t) 中的相互作用。

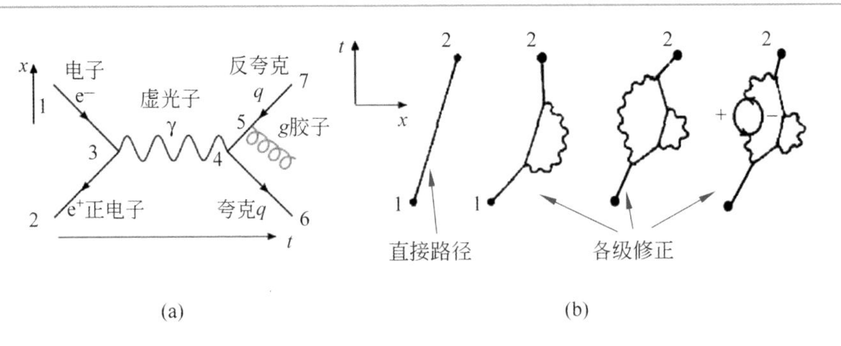

图 2-10-3 费曼图

（a）电子对湮灭和夸克对生成；（b）电子从 1 运动到 2 的费曼图

图 2-10-3(a)：时空点 1 的电子和时空点 2 的正电子，在时空点 3 相遇并湮灭，产生一个虚光子。虚光子运动到时空点 4 时，生成夸克和反夸克，反夸克在时空点 5 发射一个胶子。最后，夸克运动到点 6，反夸克运动到点 7。

图 2-10-3(b)：电子从时空点 1 运动到点 2 的费曼图，第一个图(最左边的图)是没有产生虚光子的自由场的直接路径；第二个图中的电子在运动过程中曾经产生一个光子，稍后又吸收了这个光子，再运动到点 2；第三个图包括了两次产生和吸收光子的过程；第四个图中的电子在运动过程中包含了更多的反应，是更高阶的修正。

量子场论“以场为本”，认为粒子只是场的“激发态”，犹如水波中的涟漪。但是，对如此而定义的“场”的本质，应该如何理解？它们到底是某种物理实在，还是仅仅为了“激发”出可观测“粒子”而使用的一种数学方法？这仍然是物理学界难以回答、颇存争议的问题。不过，类比电磁场的例子，笔者认为，“场”和“粒子”两者都应该是物理实在，这种观点似乎更具有说服力。对此，你的答案是什么呢？

第三篇

对称和群论

物理学从爱因斯坦的统一梦，走到规范理论、标准模型等，少不了数学。因此，本篇介绍一些群论方面的基础知识，为顺利打通统一之路扫去障碍、铺平道路。群论包含了一大堆数学名词，我们挑一些对理论物理重要的略加介绍：对称、群、置换群、连通、矩阵群、旋转群、酉群、同构、同态、李群、李代数等。不要害怕这些抽象的数学名词，当你认真读完这一篇之后，相信你将对它们有一个初步和直观的认识。在本篇最后，还将简单介绍与理论物理密切相关的"诺特定理"及"对称破缺"。

1. 少年天才创群论

美丽的对称无处不在，它在我们的世界中扮演着重要的角色。自然界遍布虫草花鸟，人类社会处处有标志性的艺术和建筑，这些事物大多都体现出对称的和谐与美妙。几何图形的对称不难理解，当人们说到“故宫是左右对称的”“地球是球对称的”“雪花是六角形对称的”，每个人都懂得那是什么意思。不过，数学家们总是喜欢究死理，硬要用他们独特的语言来定义对称。

从数学的角度来看待刚才的几个例子，对称意味着几何图形在某种变换下保持不变。比如说，故宫的左右对称意味着在镜像反射变换下不变；球对称是在三维旋转变换下的不变性；雪花六角形对称则是将雪花的图形转动60°、120°、180°、240°、300°时图形不变。所以，对称实际上表达的是事物具有的一种冗余性。没想到吧，上帝设计世界时又要花招偷懒了：利用镜像对称，他只需要设计一半！利用六角形对称，他的雪花图案只需画出1/6！球对称的天体就更好办了，画出了一个方向的景色，就让它们去绕着一个固定点不停地转圈。

不过，上帝的这种偷懒办法让人类欣赏和喜爱，誉为“对称之美”。科学家们则是感觉深奥无比而对其探索不止。他们发明出了一套又一套的理论来描述对称，群论便是描述对称的一种最好的语言。

对称不一定只是表现在物体的外表几何形态上，也可以表现于某种内在的自然规律中。许多物理定律的表述都呈对称形式。最简单的例子，牛顿第三运动定律中“作用力等于反作用力，它们大小相等、方向相反，两者对称”。电磁学中的电场和磁场，彼此关联相互作用，变化的电场产生磁场，变化的磁场产生电场，也是一种对称。

用数学语言定义对称的优越性之一在于容易推广。如果将对称概念从几何推广到物理研究中的一般情形，便被表述为：如果某种变换能够保持系统的拉格朗日量不变，从而保持物理规律不变的话，就说系统对此变换是对称的。

物理规律应该在变换中保持不变，这是显而易见的。试想，如果今天的某个定律到了明天就不适用了，或者是麦克斯韦方程只在伦敦适用，搬到北京就不适用了，那还叫作自然规律吗？研究它还有任何意义吗？当然不应该是这样的。

刚才举的例子中，今天到明天、伦敦到北京，这两个概念在数学上都被称为变换。前者叫作时间平移变换，后者叫作空间平移变换。但是，除了平移变换之外，还有许多其他种类的变换，物理定律难道对所有的变换都要保持不变吗？物理规律有很多，至少应该不是每一个规律对每一个变换都将保持不变。那么，这其中有些什么样的关系呢？

首先，我们研究一下，与物理定律有关的变换主要有哪些以及如何分类。

俗话说：物以类聚，人以群分。岂止是人如此，我们所讨论的变换也可以用数学上的“群”来加以分类[18]。所以，变换用来描述对称，群用来描述变换，因此群和对称便如此关联起来了。群论便是研究对称之数学。

群在数学上如何定义？“群论”的概念来自于多个方面：数论、代数方程、几何。历史上有一个最伟大的业余数学家叫费马，说他是业余的，是因为他的本职工作是个地方上的法官。但他并非一般的民间科学家，他在数学和物理上的贡献都非常了不起。我们在上一篇中介绍的最小作用量原理最早也是基于光学中的费马原理，该原理认为光线在空间总是走最短(或极值)的路径。

1637年，费马随便在他阅读的一本书的边沿空白处写下了一个看起来颇像勾股定理的公式：$x^n+y^n=z^n$，并提出了一个猜想：当n大于2的时候，不可能有整数满足这个式子。更玄乎的是，费马还在旁边加上了短短的一句话，意思是说他已经知道如何证明此公式，但是那儿的空间太小写不下……这不是明显在吊胃口吗？因此，这个貌似简单的问题，竟让全世界的顶尖数学家们整整忙碌了300多年！那就是著名的费马大定理的故事。此外，费马还提出了一个费马小定理。费马小定理说的是有关质数的问题，可以简单表述如下：假如 a 是一个整数，p 是一个质数，那么$(a^p - a)$是 p 的倍数。这个费马小定理也许仍然让人觉得在“云里雾里”。不过无所谓，那不是我们的目的，重要的是，这个小定理和群论的发展有点关系。

简单地说，群就是一组元素的集合，在集合中每 2 个元素之间，定义了符合一定规则的某种乘法运算规则。说到乘法规则，我们大家会想起小时候背过的九九表。九九表太大了，我们举一个数字较小的乘法表。比如图 3-1-1(a)，给出了小于 5 的整数的“四四”乘法表。

	1	2	3	4
1	1	2	3	4
2	2	4	6	8
3	3	6	9	12
4	4	8	12	16

(a)

	1	2	3	4
1	1	2	3	4
2	2	4	1	3
3	3	1	4	2
4	4	3	2	1

(b)

图 3-1-1　4 个元素的群

(a) 整数 4 以内的乘法表；(b) 除以 5 之后的余数构成的表

欧拉在 1758 年证明费马小定理的时候，便碰到了这种类似的乘法表。不过，欧拉不满意像图 3-1-1(a)的那种 10 进制乘法，于是他将乘法规则稍微作了一些改动。在这个小于 5 的“四四”乘法表例子中，欧拉把表中的所有元素都除以 5，然后将所得的余数构成一个新的表，如图 3-1-1(b)所示。按照这种余数乘法的方法，类似于上述 $n=5$ 的例子，我们可以对任意的正整数 n，都如此构造出一个“余数乘法表”来。

当我们再仔细研究 $n=5$ 的情况，发现图 3-1-1(b)中的四四余数表有一个有趣的特点：它的每一行都是由(1、2、3、4)这 4 个数组成的，每一行中 4 个数全在，但也不重复，只是改变一下位置的顺序而已。

上面的特点初看起来没有什么了不起，但欧拉注意到，并不是每一个 n 用如上方法构成的乘法表都具有这个性质，而是当且仅当 n 是质数的时候，$(n-1)$ 个元素的余数表才具有这个特点。这个有关质数的结论对欧拉证明费马小定理颇有启发。

以现在群论的说法，图 3-1-1(b)中的 4 个元素，构成了一个“群”，因为这 4 个元素两两之间定义了一种乘法(在此例中，是整数相乘再求 5 的余数)。并且，满足群的如下 4 个基本要求。不妨将它们简称为“群 4 点”。

(1) 封闭性：2 个元素相乘后，结果仍然是群中的元素[从图 3-1-1(b)中很容易验证]；

(2) 结合律：$(a\times b)\times c=a\times(b\times c)$(整数相乘满足结合律)；

(3) 单位元：存在单位元(幺元)，与任何元素相乘后结果不变(在上面例子中对应于元素 1)；

(4) 逆元：每个元素都存在逆元，元素与其逆元相乘，得到幺元[从图 3-1-1(b)中很容易验证]。

“乘法规则”对“群”的定义很重要。这里的所谓“乘法”，不仅仅限于通常意义下整数、分数、实数、复数间的乘法，其意义要广泛得多。实际上，群论中的“乘法”，只是 2 个群元之间的某种“操作”而已。实数的乘法是可交换的，群论的“乘法”则不一定。乘法可以交换(或称可对易)的“群”叫作“阿贝尔群”，乘法不对易的“群”叫作“非阿贝尔群”。

欧拉研究数论时，有了群的模糊概念，但“群”这个名词以及基本设想，却是在伽罗瓦研究方程理论时首先被使用的，这涉及一个年轻数学家的悲惨人生。埃瓦里斯特·伽罗瓦(Évariste Galois，1811—1832)是法国数学家，他在短短 20 年的生命中所做的最重要工作就是开创建立了“群论”这个无比重要的数学领域。

伽罗瓦从小就表现出极高的数学才能。他厌倦别的学科，独独对数学痴迷，以至于他在求学的道路上屡遭失败。他多次寄给法国科学院有关群论的精彩论文，并未被接受：柯西让他重写；泊松看不懂；傅里叶身体不好，收到文章后还没看就驾鹤西去了。对于年轻的伽罗瓦来说，生活道路的坎坷、父亲的自杀身亡以及卓越的研究成果得不到学界的承认，为他种下了愤世嫉俗、不满社会的祸根。后来，法国七月革命一爆发，伽罗瓦立刻急不可待地投身革命，最后又莫名其妙地陷入了一场极不值得的恋爱纠纷中，并且由此卷入一场决斗。最后，这位“愤青”式的天才数学家，终于在与对手决斗中饮弹身亡。

伽罗瓦是第一个用群的观点来确定多项式方程可解性的人。真是无独有偶，不幸的事情也往往成双。说到方程可解性，又牵扯到另外一位也是年纪轻轻就去世了的挪威数学家尼尔斯·阿贝尔（Niels Abel，1802—1829）。不过，阿贝尔不是“愤青”，他在 27 岁时死于贫穷和疾病。

我们在中学数学中就知道一元二次方程 $ax^2+bx+c=0$ 的求根公式为

$$x=\frac{-b\pm\sqrt{b^2-4ac}}{2a}$$

对于 3 次和 4 次的多项式方程，数学家们也都得到了相应的一般求根公式，即由方程的系数及根式组成的“根式解”。之后，人们自然地把目光转向探索一般的 5 次方程的根式解，但历经几百年也未得结果。所有的努力都以失败而告终，这使得阿贝尔产生了另外一种想法：5 次方程，也许所有次数大于 4 的方程，根本就没有统一的根式解。

由于长期得不到大学教职，阿贝尔的生活既无着落又贫病交加，但他始终不愿放弃心爱的数学。他成功地证明了 5 次方程不可能有根式解，但却没有时间将这个结论推广到大于 5 的一般情形，就被病魔夺去了短暂的生命。然而，就在可怜的阿贝尔因肺结核而撒手人寰的两天之后，传来了迟到的好消息：他已经被某大学聘为了教授！

群论研究的接力棒传到了比阿贝尔小 9 岁的伽罗瓦手上。伽罗瓦从研究多项式的方程理论中发展了群论，又巧妙地用群论的方法解决了一般代数方程的可解性问题。伽罗瓦的思想大致如此：每一个多项式都对应于一个与它的根的对称性有关的置换群，这被后人称为“伽罗瓦群”。一个方程有没有根式解，取决于它的伽罗瓦群是不是可解群。那么，置换群和可解群是什么样的呢？这些概念大大超出了本书讨论的范围，在此无法详细叙述，下面从一个特例对置换群作简单介绍，对可解群有兴趣的读者可参阅相关文献[19]。

置换群的群元素由一个给定集合自身的置换产生。在图 3-1-2 中，给出了一个简单置换群 S_3 的例子。

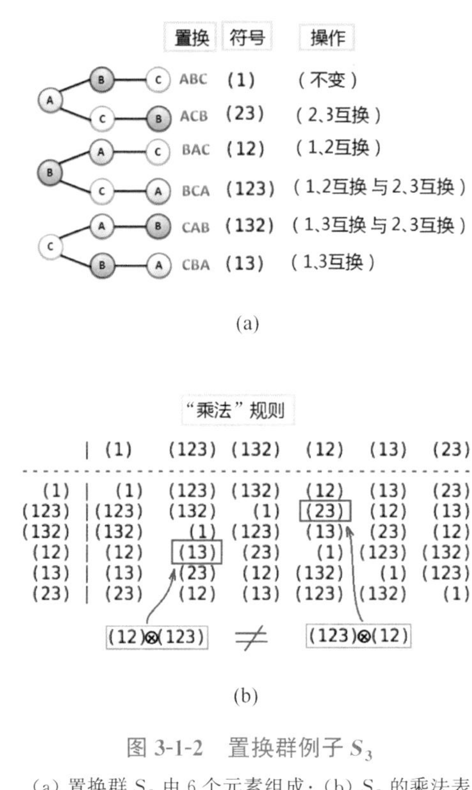

	(1)	(123)	(132)	(12)	(13)	(23)
(1)	(1)	(123)	(132)	(12)	(13)	(23)
(123)	(123)	(132)	(1)	(23)	(12)	(13)
(132)	(132)	(1)	(123)	(13)	(23)	(12)
(12)	(12)	(13)	(23)	(1)	(123)	(132)
(13)	(13)	(23)	(12)	(132)	(1)	(123)
(23)	(23)	(12)	(13)	(123)	(132)	(1)

图 3-1-2　置换群例子 S_3

(a) 置换群 S_3 由 6 个元素组成；(b) S_3 的乘法表

给了 3 个字母 ABC，它们能被排列成如图 3-1-2(a)左边的 6 种不同的顺序。也就是说，从 ABC 产生了 6 个置换构成的元素。这 6 个元素按照生成它们的置换规律而分别记成(1)、(12)、(23)…括号内的数字表示置换的方式，比如(1)表示不变，(12)的意思就是第 1 个字母和第 2 个字母交换等。不难验证，这 6 个元素在图 3-1-2(b)所示的乘法规则下，满足上面谈及的定义“群 4 点”，因而构成一个群。这里的乘法，是两个置换方式的连续操作。图 3-1-2(b)中还标示出 S_3 的一个特别性质：其中定义的乘法是不可交换的。如图 3-1-2(b)所示，(12)乘以(123)得到(13)，而当把它们交换变成(123)乘以(12)时，却得到不同的结果(23)。因此，S_3 是一种不可交换的群，或称之为“非阿贝尔群”。而像图 3-1-1 所示的 4 元素的可交换群，被称为“阿贝尔群”。S_3 有 6 个元素，是元素数目最小的非阿贝尔群。

如图 3-1-1 和图 3-1-2 描述的，是有限群的两个简单例子。群的概念不限于“有限”，其中的“乘法”含义也很广泛，只需要满足群 4 点即可。

如果你还没有明白什么是“群”的话，那就再说通俗一点(做数学的大牛们偶然看见了请不要皱眉头)：“群”就是那么一群东西，我们为它们两两之间规定一种“作用”，见图 3-1-3 的例子。两两作用的结果还是属于这群东西；其中有一个特别的东西，与任何其他东西之间都不起作用；此外，每样东西都有另一个东西和它抵消；最后，如果好几个东西接连作用，只要这些东西的相互位置不变，结果与作用的顺序无关。

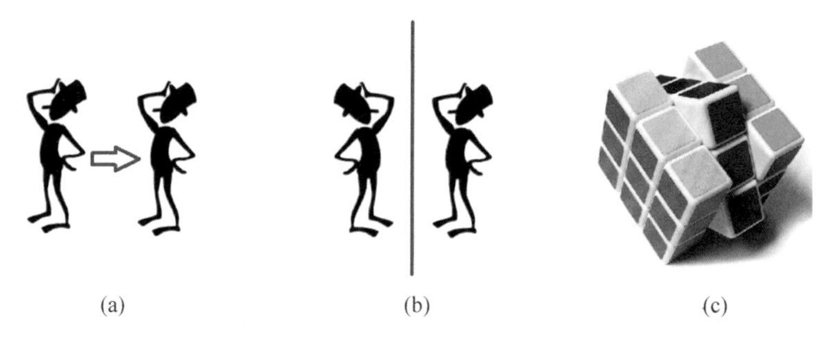

(a)　　(b)　　(c)

图 3-1-3　只要符合“群 4 点”，各种操作都可以被定义为“群”中的乘法

(a) 平移；(b) 镜像反演；(c) 魔方转动

刚才所举两个群的例子是离散的有限群。下面举一个离散但无限的群。比如说，全体整数(…，−4，−3，−2，−1，0，1，2，3，4，…)的加法就构成一个这样的群。因为两个整数之和仍然是整数(封闭性)，整数加法符合结合律；0 加任何数仍然是原来那个数(0 作为幺元)，任何整数都和它的相应负整数抵消[比如：−3 是 3 的逆元，因为 $3+(-3)=0$]。

但是，全体整数在整数乘法下却并不构成“群”。因为整数的逆不是整数，而是一个分数。所以不存在逆元，违反群4点，不能构成群。

全体非零实数的乘法构成一个群。但这个群不是离散的了，是由无限多个实数元素组成的连续群，因为它的所有元素可以看成是由某个参数连续变化而形成。两个实数相乘可以互相交换，因而这是一个“无限”“连续”的阿贝尔群。

可逆方形矩阵在矩阵乘法下也能构成无限的连续群。矩阵乘法一般不对易，所以构成的是非阿贝尔群。

连续群和离散群的性质大不相同，就像盒子里装的是一堆玻璃弹子，或装的是一堆玻璃细沙不同一样，因而专门有理论研究连续群。因为连续群是 n 个连续变量发生变化而生成的，这 n 个变量同时也张成一个 n 维空间。如果一个由 n 个变量生成的连续群既有群的结构，又是一个 n 维微分流形，便称为“李群”，以挪威数学家索菲斯·李(Sophus Lie，1842—1899)的名字而命名。有关“流形”的例子，请参阅第一篇“4. 惯性、引力、流形与几何”的介绍。李群对理论物理很重要，下一节中，我们从与物理密切相关的几个例子出发来认识李群。

2. 奇妙的旋转

我们到处都能看到旋转的物体。铁路和公路上车轮滚滚，舞台上芭蕾舞演员旋转频频。宇宙中的星云、我们居住的地球、太阳系和银河系，这些天体都处于永恒而持久的旋转运动中。

物理学与各种旋转结下不解之缘，从力学中研究的刚体转动到量子理论中的粒子自旋都与旋转有关。地球绕太阳转、月亮绕地球转、滚珠在轴承滚道中转、电子绕原子核转……每一层次的实验和理论中似乎都少不了旋转。物理中的旋转除了在真实时空中的旋转之外，还有一大部分是在假想的、抽象的空间中的旋转，比如动量空间、希尔伯特空间、自旋空间、同位旋空间等。

在本篇“1.少年天才创群论”一节中我们介绍了群论的基本概念，空间中的旋转也构成群，并且，旋转群是物理中非常重要的一类群。旋转群有离散的和连续的之分。连续旋转群具有天然的流形结构，是一种李群，理论物理，特别是统一理论中所感兴趣的旋转李群有 SO(3)、SO(2)、U(1)、SU(2)、SU(3)等。

旋转可以用大家熟知的矩阵来表示。因此，我们首先用矩阵的语言，解释一下上面所列的一串符号是什么意思：每个符号括号中的数字(3、2、1)是表示旋转的矩阵空间的维数；大写字母 O(orthogonal)代表正交矩阵，U(unitary)代表酉矩阵，S(special)是特殊的意思，表示矩阵的行列式为 1。

比如，举三维空间的旋转群 O(3)为例。这里 3 是指旋转空间的维数，O 对应于保持长度和角度不变的正交变换矩阵。具体一点说，正交矩阵 O(3)是一个由 3×3=9 个实数组成的矩阵，它的 3 个列向量或者 3 个行向量，都构成三维空间中

3个正交的单位矢量。一般来说，正交矩阵O(3)的行列式可为1或-1。当行列式为-1时，正交矩阵表示的变换是旋转再加反演，简单地说，反演就是将坐标符变号，因而行列式得到一个负号。上面所述的是O(3)旋转群，如果加上字母S，指的便是特殊旋转群SO(3)，那意味着，矩阵行列式被限制为1。所以，SO(3)表示的是三维空间中无反演的纯粹旋转。

有一个比SO(3)更简单的特殊旋转群，是SO(3)的子群，对应于二维空间中的旋转：SO(2)。因为SO(3)和SO(2)都是李群，所以SO(2)是SO(3)的"李子群"。

物理学中的量子理论与复数关联密切，因此我们将正交群的概念从实数扩展到复数。正交矩阵在复数域中的对应物叫作"酉矩阵"，正交群O(n)便扩展成为元素为复数的酉群U(n)。酉矩阵的行列式一般来说也是一个复数。行列式限制为实数1的酉群被称为"特殊酉群"，记为SU(n)。举个例子：U(1)是一维复数空间的旋转群；SU(2)和SU(3)分别是二维和三维复数空间的特殊旋转群。

李群是由有限个实数参数的连续变化而生成的连续群。因而，上面列举的旋转李群既具有群的代数结构，又有其几何图形，是参数空间的光滑流形。数学上"光滑"的意思表示无穷可微。如上所述，旋转李群的"群"的性质，可从研究相应的矩阵表示而得到。那么，它们作为"流形"的一面又如何呢？首先让我们看看图3-2-1所示的李群U(1)的图形。

根据酉群的定义，U(1)由1×1的所有酉矩阵构成。维数为1的矩阵只有一个元素，这里就是一个复数c。酉矩阵中的"酉"字表示正交归一的意思，这里也就是将复数c的模限制为1。

矩阵群U(1)算是最简单的李群，对它稍加研究有助于我们对李群的理解。

一个复数由两个实数组成，可以表示成二维实数空间中的一个点。U(1)群的元素包括模为1的所有复数，可以表示为：$u=e^{i\phi}$。尽管复数u的模为1，但幅角ϕ还可以任意变化，所以U(1)是由复数平面上所有长度为1的矢量绕着原点转动形成的单位圆构成的，如图3-2-1(b)所示。

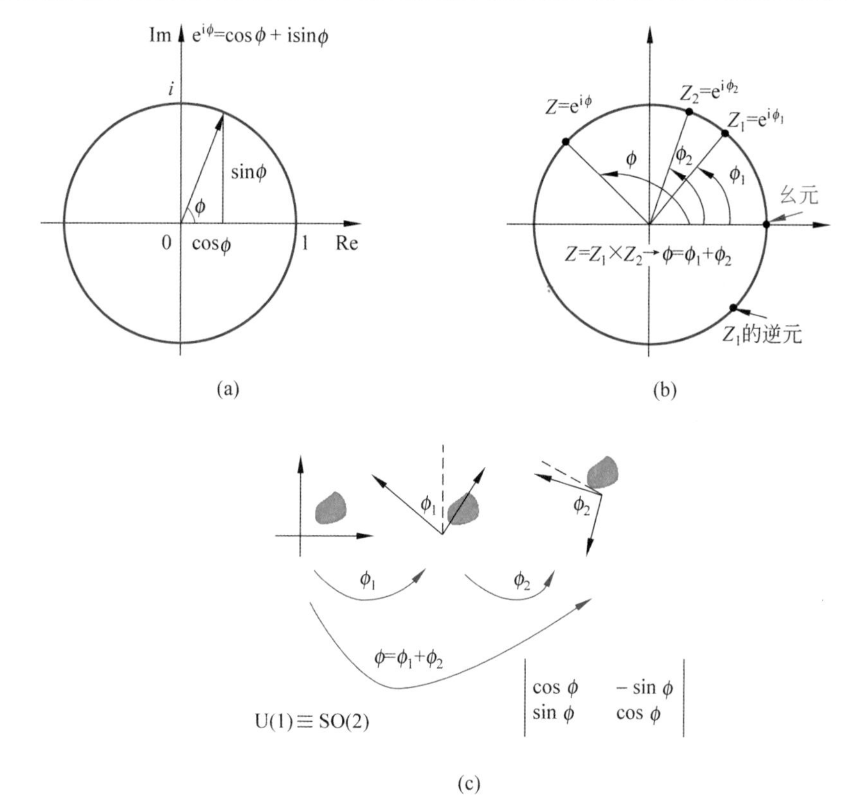

图 3-2-1 U(1)群和 SO(2)群

(a) 一维复数平面；(b) U(1)是复平面上的旋转群；(c) 二维实数空间的旋转群 SO(2)

为什么说这些矢量构成“群”呢？比如说，图 3-2-1(b)中单位圆上标示的两个点：$Z_1=e^{i\phi_1}$、$Z_2=e^{i\phi_2}$，是 U(1)群的两个元素，它们的乘积用复数 Z 表示，$Z=Z_1\times Z_2=e^{i(\phi_1+\phi_2)}$。这两个复数相乘，只需要将它们的幅角相加，相乘的结果 Z 仍然在单位圆上，仍然属于 U(1)群，这是“群 4 点”要求中的第一点。第二点是结合律，复数乘法自然满足。第三点：U(1)群的幺元对应于幅角为 0 的元素，也就是实数 1。第四点：群中任何一个元素都有逆元，只需要把幅角反过来就可以了，图 3-2-1(b)中标示出了 Z_1 的逆元。

以上的分析说明复数平面单位圆上所有的点构成群，这个群表示复数平面上所有模为1，幅角从0～2π的所有旋转，将这个群记为U(1)。这个群中的元素是随着幅角ϕ的变化而连续变化，是李群。幅角ϕ就是这个李群的参数。

图3-2-1(b)中的单位圆，便是李群U(1)的流形。这个流形是连通的，但不是单连通的。图3-2-2给予流形的连通性质以直观解释。

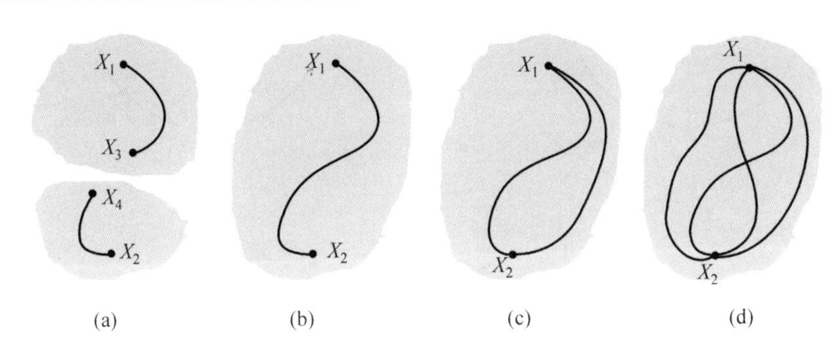

图3-2-2　各种连通情况

(a)不连通；(b)单连通；(c)双连通；(d)四连通

不是单连通意味着流形上存在不能连续地收缩到一个点的闭曲线。图3-2-1上的单位圆就是U(1)上的一条闭曲线，它显然不能连续地收缩到一个点，由此表明U(1)不是单连通的。

一个复数由两个实数组成，复数平面上的转动实际上与二维实数平面上的转动一一对应。这个对应将U(1)群与SO(2)群关联起来，可以证明U(1)与SO(2)是同构的。两个群同构的意思可以大概理解为通常意义上所说的“相同结构”。也就是说，忽略组成每一个群的元素的具体属性、乘法操作的具体规定等，仅仅将“群”的结构性质“抽”出来比较，两个群是相同的。插进一段比喻，也许可以更好地理解“同构”：两个三口之家，陈家和李家，都由父、母、子组成。如果我们只感兴趣研究每个家庭成员的性别及相互关系这种结构的话，可以说这两个家庭是“同构”的。尽管陈妈妈已经60岁，李家儿子刚出生，这些细节都无所谓，我们运用数学“抽象”，只看我们需要看的结构，从而认定两个家庭是“同构”的。而具体的陈家和李家，只不过是这种结构的两个不同的具体表示而已。再进一步，如果另有张姓两兄弟，都分别有老婆和儿子，但大家住一起组成 6 口人的"张家"。那么显然的，陈家和张家不同构。

所以，SO(2) 与 U(1)同构，它们的流形都是一维的，是单位圆。李群流形的维数也叫作"李群的阶数"，等于构成流形的独立参数的个数，与旋转所在空间的维数是两码事。比如 SO(2)是二维空间的旋转，对应的旋转矩阵是 2×2 的。但作为李群，它只需要 1 个参数(转角)来表示，因而是 1 阶李群。见图 3-2-1(c)右下角的 2×2 矩阵，矩阵是二维的，但参数只有一个：ϕ，因而流形是一维的。

二维实数空间的 SO(2)特殊旋转群与一维复数平面上的旋转群 U(1)同构。那么，维数比它们高一阶的实数和复数旋转群之间是否也有类似的关系呢？比 SO(2)维数高一维的是 SO(3)，比 U(1) 高一维的是 U(2)。这两类旋转群的关系究竟如何？

首先研究我们所熟悉的三维实空间的旋转，它对应于 SO(3) 群。欧拉证明过一个欧拉旋转定理，说的是任何一个三维旋转，都可以表示成一个固定方向的转轴加上绕此转轴的转动。转轴的方向需要两个实数参数决定，绕着该轴旋转的角度则是第三个参数，所以群 SO(3)中的元素可以用 3 个实参数表示。比如我们通常所用的欧拉角表示法，α、β、γ 就是 3 个不同的参数，其中 α 从 0 变到 2π，β 从 0 变到 π，γ 从 0 变到 2π，见图 3-2-3(a)。独立参数的个数为 3，所以李群 SO(3)的阶数等于 3。

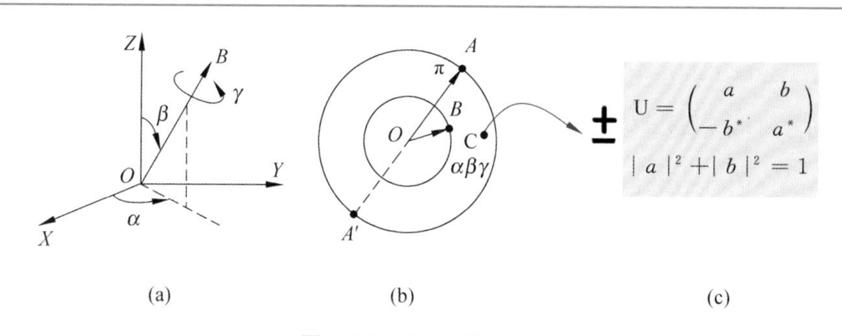

图 3-2-3　SO(3)和 SU(2)

(a) 用欧拉角表示三维旋转；(b) SO(3)的流形是三维球；(c) SO(3)中的一个点对应于 SU(2)中的正负两个元素

而 U(2)群描述的是二维复数平面上的旋转，一个复数由 2 个实数组成，两个复数便有 4 个独立的实数变量，这样 U(2)的阶数为 4，不同于 SO(3)的阶数 3。但是，如果考虑特殊酉群 SU(2)，它需要满足“模为 1”的条件，这样便使得独立变量数目减少了 1 个，成为 3。因此，SU(2)与 SO(3)的阶数相同，都是三维流形，通常我们便将这两个连续群进行比较。

图 3-2-1 所示的 U(1)（或 SO(2)）群足够简单，其流形能够用一个圆周表示出来，而三维空间旋转群 SO(3)的流形就难以用图形画出来了。

因为是 3 个参数，所以 SO(3)的流形是个三维空间，但整体而言却不同于简单的欧氏空间。如果是 2 个参数构成的二维流形的话，我们还有可能用嵌入三维空间中的曲面画出来。但对 SO(3)这种流形本身是三维空间的情况，需要将它嵌入四维或更高维数的空间中，成为其中的一个三维超曲面！那种图形，我们可怜的大脑实在难以想象。

不过，数学家和物理学家们仍然对 SO(3)及 SU(2)做了很多研究，确定了它们的流形的许多基本几何性质[20]。比如，尽管 SO(3)流形的直观图像无法画出，但可以证明它是连通的，却不是单连通的(有关连通图形，如图 3-2-2 所示)。这一点性质与图 3-2-1 中 SO(2) 的圆圈类似。

因为一个三维旋转可以表示成一个固定方向的转轴加上绕此转轴的旋转角，旋转角取值从 $+\pi$ 到 $-\pi$，所以，我们可以将这个转动对应于一个半径小于或等于 π 的三维实心球中的一个点，如图 3-2-3(b)所示的 A、B、C 等点。这个点与球心所成矢量的方向，表示转动轴的方向，矢量的长度，则表示转角的大小。比如，位于球面上的 A 点，可以表示绕着 OA 顺时针旋转 180°(π)，A'点便表示绕着 OA 逆时针旋转 180°($-\pi$)。而位于该实心球内部的 B 点和 C 点，对应的则是绕着相应转动轴的小于 180°的旋转(旋转角 $\gamma<\pi$)。

因此，这个实心球可以看作是 SO(3) 的流形。不过还有一个问题：绕一个给定轴转动 π，等于绕相反方向的轴转动 $-\pi$。所以，球面 π 上的每个点，与它的反方向的对应点，表示的是同一个点。比如图 3-2-3(b)中的 A 和 A'，实际上表示的是同一个转动。因此，这样的两个点应该被粘在一起！仅仅将 A 和 A' 粘在一起还可以想象，要将球面上所有的直径端点都如此粘起来，就又感觉脑细胞不够用了。不过无论如何，到此为止，我们对 SO(3) 的拓扑结构已经有了一点点了解。

那么，SO(3)和 SU(2)到底是什么关系呢？SU(2)是二维复数空间中模为 1 的旋转群，可以用图 3-2-3(c)所示的二维复数矩阵来表示。SU(2)的酉矩阵与 SO(3)实心球中的点是 2 对 1 的关系。如果 SU(2)的 1 个元素，例如图 3-2-3(c)中的 U，对应于 SO(3)中的 C 点[图 3-2-3(b)]的话，变换(－U)也对应于同样的 C 点。换言之，三维空间的一个旋转，对应于复数空间 2 个幺模旋转。用群论的语言来说：SU(2)与 SO(3)两群间存在 2∶1 的同态关系。注意，这里所谓的“2∶1 同态”，有点类似于刚才家庭结构比喻中的张家和陈家。同构是一一对应的同态。

无论如何，人脑直观想象几何图像的能力毕竟有限。当几何图形画不出来的时候，“代数”可以来帮忙。对于李群流形的研究也是这样，可以请来它的同宗兄弟“李代数”助阵。因此，下一节中我们仍然以这几个旋转群为例，对李群上的“李代数”略作介绍。

3.
何谓“李代数”

1986年，著名物理学家费曼在一次纪念狄拉克的演讲中，讲到反物质、对称和自旋时，为了生动地解释电子自旋，身体力行地模拟演示了一段水平放置的杯子在手臂上的旋转过程，如图3-3-1(a)所示。费曼当时以风趣的语言及精彩的表演赢来掌声一片。

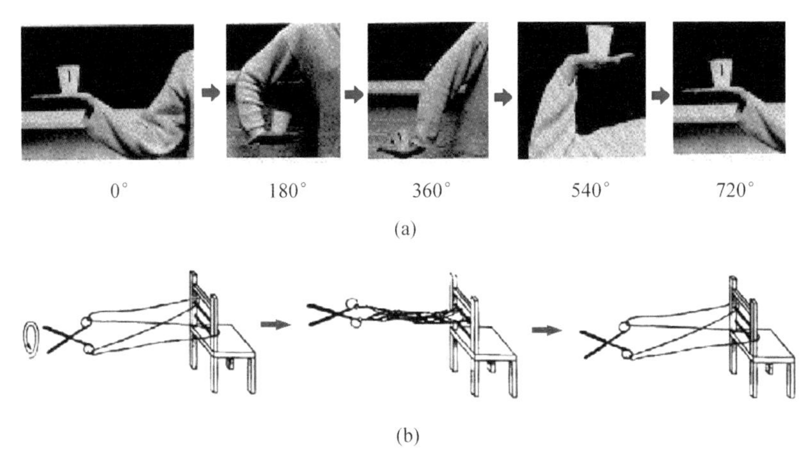

图 3-3-1　在三维空间旋转 360°，一定能够复原吗？

(a) 费曼的水杯表演，需要转动两圈(720°)，水杯才能回到原来位置；

(b) 狄拉克剪刀实验：剪刀转720°产生的绳子铰接，可以不通过旋转解开。只转360°则不能

费曼奇妙的旋转演示，与物理中深奥的自旋概念，有着什么样的联系呢？

在本篇“2. 奇妙的旋转”一节中我们介绍了几种旋转李群。二维复数空间的特殊旋转群SU(2)，与三维实数的特殊旋转群SO(3)，是 2∶1 的同态关系。在物理

上，SU(2)中的1个元素，对应于自旋1/2的粒子的波函数在二维表示下的1个转动，它与三维旋转群SO(3)之间2∶1的同态关系意味着：如果自旋1/2粒子的一个旋转($\boldsymbol{U}$)，对应于SO(3)中的某个转动O的话，旋转变换($-\boldsymbol{U}$)也将对应于同样的转动O。

事实上，SU(2)变换可以类似于SO(3)，其矩阵形式可用相应的3个欧拉角[α、β、γ]来表示：

$$\boldsymbol{U}(\alpha,\beta,\gamma)=\begin{pmatrix} e^{-i\frac{\alpha+\gamma}{2}}\cos\frac{1}{2}\beta & -e^{-i\frac{\alpha-\gamma}{2}}\sin\frac{1}{2}\beta \\ e^{i\frac{\alpha-\gamma}{2}}\sin\frac{1}{2}\beta & e^{i\frac{\alpha+\gamma}{2}}\cos\frac{1}{2}\beta \end{pmatrix}\xrightarrow[\beta=0]{\alpha=0}\boldsymbol{U}(0,0,\gamma)$$

$$=\begin{pmatrix} e^{-i\frac{1}{2}\gamma} & 0 \\ 0 & e^{i\frac{1}{2}\gamma} \end{pmatrix} \tag{3-1}$$

式(3-1)中的后一部分，是当固定转轴($\alpha=0,\beta=0$)简化后的情况。从$\boldsymbol{U}(0,0,\gamma)$的表达式可知，如果$\gamma=2\pi$，也就是三维空间中旋转了360°时，SU(2)中的元素$\boldsymbol{U}(0,0,\gamma)$只是改变了符号，相当于旋转180°。而如果当$\gamma=4\pi$，也就是三维空间中旋转了720°时，$\boldsymbol{U}(0,0,\gamma)$才变回原来的符号，等效于自旋空间中一个360°的旋转。

所以，自旋空间中的旋转只等于真实三维空间中旋转角的一半。这是自旋为半整数的粒子，或者说费米子的特性。但自旋是微观粒子的内禀特性，经典世界中并无对应物。那么，在真实世界中是否也存在这种现象，旋转360°不能恢复原来的状态，只有当旋转720°时才能恢复？费曼所做的演示便给出了这个问题的答案。费曼的演示实验，实际上是来源于狄拉克提出的所谓“狄拉克腰带”(Dirac's belt)、“狄拉克剪刀”(Dirac's scissors)等实验想法，详情请见图3-3-1(b)。

然而，这些真实空间中的旋转演示，毕竟不同于自旋空间中的转动，还是让更为强大的数学武器——李代数来帮助我们，才能对旋转李群有更深的理解。

自从牛顿和莱布尼茨发明了微积分之后，数学家们就喜欢上了“无穷小”。凡事都要“万世不竭”地追究下去。他们将无穷小概念搬上几何，便有了微分几何。

我们曾经介绍过的数学家外尔，也是因为热衷于探究“纯粹无穷小”，才走上了创立规范理论之路。

现在，我们将这“无穷小”用到连续旋转群上试试看，也就是说考虑如何对“群”作微积分。李群这种光滑的群流形，是作无穷小试验的好对象，因为李群既是群，又是解析的、无限可微的流形。这一特点，对研究它带来了复杂性，却也有其特殊的优越性。

李群既然是群，它作为流形一定有其与众不同之处。群中有一个特殊的幺元，我们就从这个“幺元”开始解剖群流形。一个 n 阶李群流形中的每一点 G，可以用 n 个参数 c_i 表示：$G(c_1, c_2, \cdots, c_n)$。为方便起见，在幺元处将这些参数的值取为 0：$G(0,0,\cdots,0)=(1)$，这里用(1)来表示幺元。

还是回到曾经讨论过的最简单李群 U(1)。它由复数平面上的所有旋转 $G(\theta)=\mathrm{e}^{\mathrm{i}\theta}$ 构成，因此，U(1)的流形是单位圆[图 3-3-2(a)]。这里的 $G(\theta)$代表群元素，θ 是连续变化的实参数。当 θ 等于 0 的时候，$G=1$，对应于群的幺元。旋转群中幺元的意思就是不旋转。那么，如果 θ 有别于 0，但等于一个很小的数值 ε 的话，便将对应于一个无穷小的旋转：

$$G(\varepsilon)=1+\mathrm{i}\varepsilon \tag{3-2}$$

从图 3-3-2(a)可见，无穷小旋转公式(3-2)中的参数 ε 可以用过幺元的切线(图中直线)上面的点来表示。参数 ε 在实数范围内变化，描述了幺元附近 U(1)群的性质。如果将这些无穷小群元素乘上 U(1)群中的任意一个元素 h，便可得到在 h 群元邻域作无穷小变化的旋转群。所以，幺元切线上参数 ε 的变化也描述了 h 附近的群的性质。因为 h 是任意的，所以说，幺元切线上的参数 ε 的变化，描述了 U(1)群在任意群元附近的局部性质。

无穷小总是和切空间联系起来，这点并不奇怪，在微积分中就是如此。因为微分本来就是对函数值局部变化的一种线性描述。在微积分中，曲线的线性化得到过该点的切线，平面曲线在给定点的微分对应于该点切线的斜率。曲面的局部线性化，则得到过该点的切平面。

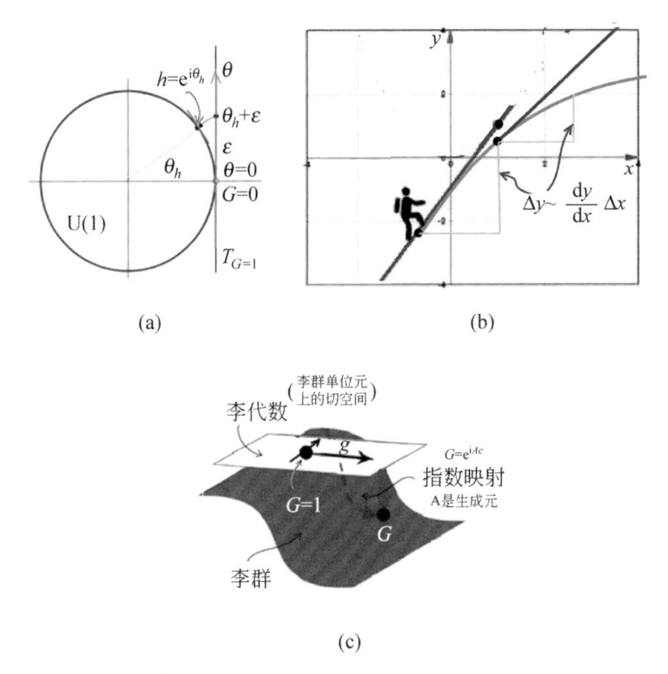

图 3-3-2　李群和李代数

(a) U(1)；(b) 用切线近似曲线；(c) 李群和李代数的关系

在普通的微积分中，从曲线切线的斜率，即导数 dy/dx，可以近似地估计相邻点的函数值。如图 3-3-2(b)所示，函数值 y 的增加可以从自变量 x 值的增加与斜率的乘积估算出来。假设 x 每一次的变化是 1 个无穷小量 dx，如果又已知每点的导数 dy/dx 的话，就可以将 x 逐次增加而生成整个函数曲线 $y(x)$。从这个意义上说，导数 dy/dx 可以看成函数 $y(x)$的生成元。

无穷小旋转公式(3-2)具有与微积分中导数公式类似的作用。因为从无穷小参数 ε，将产生无穷小旋转，这些无穷小旋转的逐次累加可以生成整个李群。所以，我们也可以说，无穷小旋转公式(3-2)类似于函数的导数，是该李群 U(1)的生成元。U(1) 群的生成元很简单，实际上只是实数 1 而已。但对于复杂的李群，生成元就不那么简单了。

李群的流形具有群结构，所以比一般随意变化的流形有更多的特色。这使得我们研究它时有了一些方便之处：比如，根据刚才 U(1)群的例子，我们并不需要研究流形上每一个点的切线，而只需要研究与群的“幺元”对应的那个点的切线就可以了。这个结论可以从 U(1)推广到一般李群。发明李群概念的挪威数学家索菲斯·李，在李群幺元的切空间上构造出了一个与原来李群结构相对应的代数关系，并且当时将他的这套理论取了一个不是十分确切的名字“无穷小群”。后来，外尔将其正名为“李代数”，见图 3-3-2(c)。

李群流形上每一个点的切空间都可以和幺元上的切空间关联起来，这个特性表明李群流形的切丛是平凡的，这也就是为什么只用幺元上的切空间(李代数)便能描述整个群的特征。并不是所有的微分流形都能赋予“群”的结构，如果流形的切丛不平凡，便没有群结构与其对应，比如说，一维球面(圆)S^1 可以对应于二维空间的旋转，但二维球面 S^2 就不是一个李群流形，因为二维球面的切丛是不平凡的。三维球面 S^3 则与 SU(2)同构。不过，切丛平凡不是流形能够被赋予群结构的充要条件，如七维球面有一个平凡的切丛，但却不是李群，没有相应的群结构。

如上所述，李群上的李代数，就是流形上对应于幺元那个点上的切空间[21]，见图 3-3-2(c)。不过，要在矢量空间中构成“代数”，还得加上满足一定条件的某种 2 元运算。这些条件包括：双线性、反对称、雅可比恒等式等。李代数上定义的这种 2 元运算被称为“李括号”，用符号$[X,Y]$表示。换句话说：李代数是用李括号装备起来了的幺元上的切空间。李括号$[X,Y]$可以用不同的方式定义，比如说：如果流形上定义了李导数，李括号便可以定义为幺元上的李导数。在三维矢量空间中，李括号可以定义为两个矢量的叉乘。对我们这里所感兴趣的旋转群来说，矩阵是最简单直观的表示方式。因而，李括号可以用其表示空间的矩阵交换乘法运算来定义：

$$[\boldsymbol{X},\boldsymbol{Y}]=\boldsymbol{XY}-\boldsymbol{YX}$$

为什么要研究李代数？因为比较起李群的流形结构而言，李代数(切空间)是性质更为简单的线性矢量空间。李群可以看作李代数的指数映射：exp(李代数)＝李群，李群中群元之间的“乘法”，在李代数中变成了更容易计算的参数相加。此外，如果李群是连通的，则称为“简单李群”[U(1)、SU(2)、SU(3)都是简单李群]。简单李群的任意群元素都可以由无穷小生成元连续作用而生成，李代数便能完全描写简单李群的局部性质。生成元之间李括号的对易性与李群中乘法的对易性密切相关。

每一个李群上都有幺元，幺元上的切空间便能定义李代数。反过来呢？有了李代数，可以通过指数映射得到李群，但是与同一个李代数对应的李群并不一定是唯一的。

比如，返回到U(1)群的例子。幺元上的切线，即图3-3-3(a)中圆圈右侧的直线，便是U(1)群的李代数。二维实数空间旋转群SO(2)和U(1)群同构，因而它们的无穷小群也类似，具有同样的李代数，即一维实数空间 $\mathbf{R}^1$。然而，全体实数 $\mathbf{R}^1$ 的加法也构成一个李群，幺元即为实数0，(图3-3-3(a)的左上图)，显然过实数0的切空间就是 $\mathbf{R}^1$ 本身。所以，这个实数加法群的群流形和李代数均为 $\mathbf{R}^1$。因此，如图3-3-3(a)所示，如果反过来，从 $\mathbf{R}^1$ 找相应李群的话，找到的李群流形将不止一个。至少能找到像“实数加法群”那种一维实数空间，以及对应于SO(2)或U(1)的单位圆这两种不同的结构。

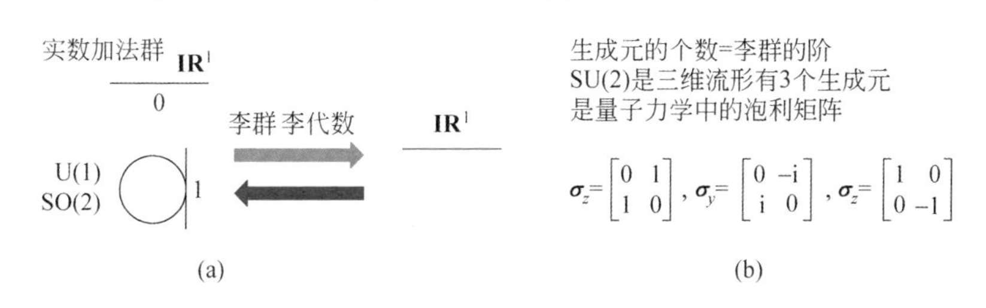

图 3-3-3　U(1)群和SU(2)的李代数

(a) 同样李代数对应两个不同拓扑流形；(b) SU(2)的生成元

如前所述，SO(3)和SU(2)的群结构是同态但不同构，但它们的李代数是相同(同构)的。

同样的李代数可以对应不同的李群流形，这是因为李代数只能描述李群的局部性质，不能描述流形的整体拓扑。比如图 3-3-3(a)的两个李群流形，从直观的几何图形就能看出来，单位圆的局部特征与 $\mathbf{R}^1$ 是一样的，但整体拓扑结构却不一样。

理论物理中感兴趣的是构成李代数这个线性矢量空间中的基矢量，也就是李群的生成元。图 3-3-3(b)显示的是 SU(2)的生成元，就是量子力学中的泡利矩阵。李群的生成元与物理中的守恒量密切相关，将在下一节中叙述。

4. 数学才女论守恒

在 19 世纪男性主宰的数学王国中，走出了一位杰出的女数学家：艾米·诺特。她不仅对抽象代数做出重要贡献，也为物理学家们点灯指路。她有关对称和守恒的美妙定理，揭开了自然界一片神秘的面纱。

艾米·诺特(Emmy Noether，1882—1935)是一位才华横溢的德国数学家，曾经受到外尔、希尔伯特及爱因斯坦等人的高度赞扬。当年的希尔伯特为了极力推荐诺特得到大学教职，曾用犀利的语言嘲笑那些有性别歧视的学究们说："大学又不是澡堂!"

诺特对理论物理最重要的贡献是她的"诺特定理"[22]。这个定理将表示对称性的李群的生成元与物理学中的守恒定律联系起来。表面上看起来，对称性描述的是大自然的数学几何结构，守恒定律说的是某种物理量对时间变化的规律，两者似乎不是一码事。但是，这位数学才女却从中悟出了两者间深刻的内在联系。

我们继续了解无穷小群以及李群的生成元。从对称性这方面出发，描述它们与物理守恒定律之间的联系。再写一遍 U(1) 群(或平面转动 SO(2)群)的无穷小群生成元：

$$\mathrm{G}(\varepsilon)=1+\mathrm{i}\varepsilon \tag{3-3}$$

现在，我们考虑三维旋转群 SO(3)的无穷小群。三维旋转可以通过绕空间 3 个独立转轴的二维转动来实现，所以应该有 3 种可能的类似于式(3-3)的无限小转动：

$$g=1+\mathrm{i}\varepsilon_1 A_1 \tag{3-4}$$

$$g = 1 + \mathrm{i}\varepsilon_2 A_2 \tag{3-5}$$

$$g = 1 + \mathrm{i}\varepsilon_3 A_3 \tag{3-6}$$

比较式(3-3)，这几个式子中多出了符号 A_i，这是因为三维空间中绕不同方向轴的旋转是不对易的。读者从图 3-4-1 中很容易验证这种不对易性：图 3-4-1(a)是将一本书先绕 X 轴旋转 90°，再绕 Z 轴旋转 90°；而图 3-4-1(b)所示的是将原来同样位置的这本书先绕 Z 轴旋转 90°，再绕 X 轴旋转 90°。在 2 个过程中，2 次旋转的前后次序不同，造成最后结果不同，从而证明了这 2 次转动是不可对易的。

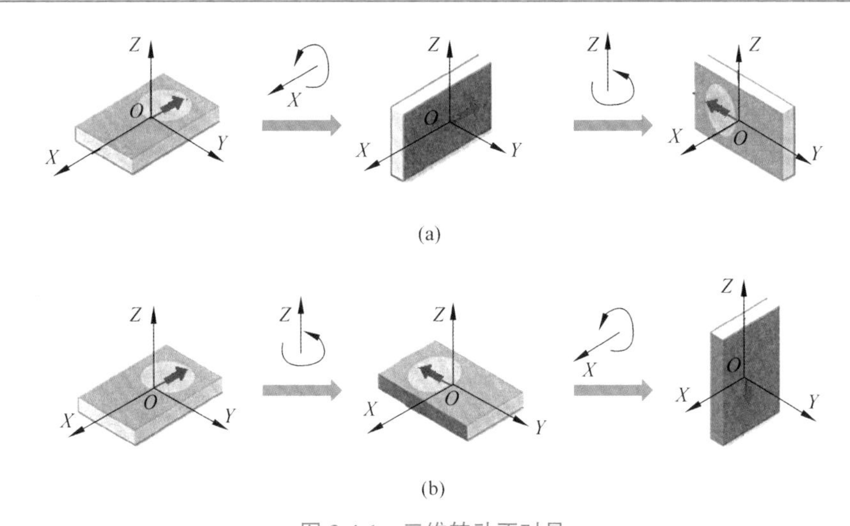

图 3-4-1　三维转动不对易

(a) 先绕 X 轴转 90°，再绕 Z 轴转 90°；(b) 先绕 Z 轴转 90°，再绕 X 轴转 90°

因为三维空间旋转不对易，所以 SO(3)不是阿贝尔群。这个“非阿贝尔”的性质在它的无穷小群(李代数)上便由算符 A_i 之间的“李括号”表现出来。对三维旋转群 SO(3)而言，3 个算符 A_i 之间的李括号对易子满足下面的对易式：

$$[A_1, A_2] = A_1A_2 - A_2A_1 = \mathrm{i}\, A_3 \tag{3-7}$$

$$[A_2, A_3] = A_2A_3 - A_3A_2 = \mathrm{i}A_1 \tag{3-8}$$

$$[A_3, A_1] = A_3A_1 - A_1A_3 = \mathrm{i}A_2 \tag{3-9}$$

这些互相不对易的 A_i 被称为李群 SO(3)的“生成元”。独立生成元的个数等于李群的阶数,“李群上的李代数”实际上便是研究这些生成元的理论。

为了更清楚地解释生成元的意义,我们首先通过几条简单的代数运算,将SO(3)无穷小群的表达式(3-4)至式(3-6)改写成生成元的表达式:

$$A_1 = \lim_{\varepsilon_1 \to 0} \frac{g(\varepsilon_1) - (1)}{\mathrm{i}\varepsilon_1}$$

$$A_2 = \lim_{\varepsilon_2 \to 0} \frac{g(\varepsilon_2) - (1)}{\mathrm{i}\varepsilon_2} \tag{3-10}$$

$$A_3 = \lim_{\varepsilon_3 \to 0} \frac{g(\varepsilon_3) - (1)}{\mathrm{i}\varepsilon_3}$$

熟悉微积分的读者会觉得这些公式有点眼熟,它们与微积分中导数的定义在形式上颇为相似。式(3-10)中的(1)是什么呢?并不是简单的实数值1,而是李群中对应于参数 $\varepsilon=0$ 时的幺元:$(1)=g(0)$。所以,如此看来,生成元 A 似乎就相当于在幺元处对李群流形的参数曲线作微分时切线的斜率,这也就与我们之前所述“李群上的李代数就是幺元上的切空间”的说法一致,生成元则可看作构成这个切空间的基矢量。旋转群SO(3)有3个参数,切空间是三维的,因而有3个独立的基矢量 A_1、A_2、A_3。空间的基矢量可以有多种方式选取,比如说,我们可以用对群参数1阶导数的微分算符来表示基矢量:

$$A_1 = -\mathrm{i}\hbar\frac{\partial}{\partial\varepsilon_1},\quad A_2 = -\mathrm{i}\hbar\frac{\partial}{\partial\varepsilon_2},\quad A_3 = -\mathrm{i}\hbar\frac{\partial}{\partial\varepsilon_3} \tag{3-11}$$

这里还需插进与“量子”有关的一点说明。

细心的读者可能会注意到,上述有关群参数的公式中式(3-3)到式(3-11),总是写 $\mathrm{i}\varepsilon$ 而不是 ε,为什么多了一个纯虚数 i 呢?如果讨论对象仅仅是经典力学中的转动群SO(2)和SO(3)的话,完全不需要引进复数。但因为统一理论中的研究对象是量子化的,量子理论中少不了复数,所以为了方便起见而从一开始便使用复数表示。简单地说,使用复数是为了保证公式(3-11)中的生成元是厄密算符。

生成元算符中的约化普朗克常数($\hbar=h/2\pi$),是量子现象的象征。在自然单位系统中,约化普朗克常数取为1($\hbar=1$),普朗克常数则为 2π。因此,量子可观测量的算符等于经典算符乘上一个因子 $-\mathrm{i}$。

生成元算符之间的代数关系，即李括号，表明了李群的对称性。诺特将这种对称性通过系统的拉格朗日量与物理守恒定律联系起来。诺特定理的意思是说，每一个能够保持拉格朗日量不变的连续群的生成元，都对应一个物理中的守恒量。物理对称性有两种：时空对称性和内禀对称性。比如说，如图 3-4-2 所举的例子，空间平移群的生成元，对应于动量守恒定律；时间平移群的生成元，对应于能量守恒定律；旋转群 SO(3)的生成元，则对应于角动量守恒定律。

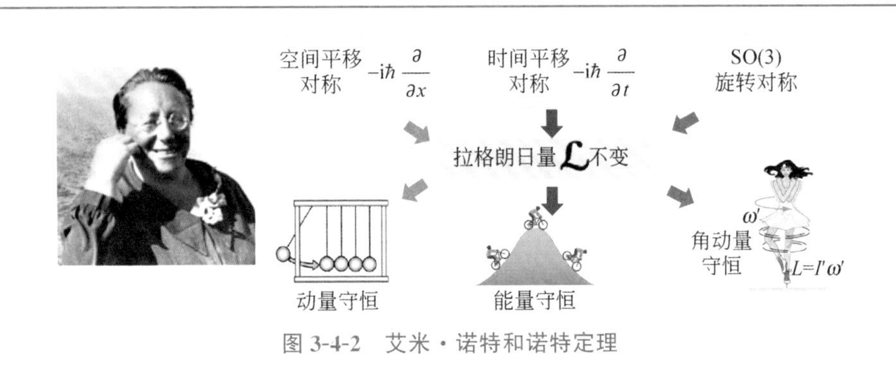

图 3-4-2　艾米·诺特和诺特定理

此外，规范不变反映了物理系统的内禀对称性，统一理论标准模型中的规范对称，用 U(1)×SU(2)×SU(3)来表示。考察一下最简单的情形：当 U(1)群用在电磁规范场中时，所对应的守恒量是什么？电磁场规范变换 $\phi\rightarrow e^{iq\theta(x)}\phi$ 的群元素是 $g=e^{iq\theta(x)}$，旋转角 θ 是群参数，对 θ 求导后得到生成元为 q，所以对应于电磁规范场 U(1)的守恒量是电荷 q。根据类似的道理和数学推导，同位旋空间的 SU(2)规范变换对应于同位旋守恒，夸克场的 SU(3)则对应于“色”荷守恒。此外，除了诺特定理最初所说的连续对称性之外，在量子力学中，某些离散对称性也对应守恒量，例如，对应于空间镜像反演的守恒量是宇称。

总之，现代物理学及统一场论中，对称和守恒似乎已经成为物理学家们探索自然奥秘的强大秘密武器。感谢诺特这位伟大的女性，为我们揭开了数学和物理之间这个妙不可言的神秘联系。

5. 对称破缺之谜

大千世界中处处见对称，但不对称的现象也举目皆是。上帝在创立经典物理定律时可能比较注意不偏不倚，否则叫人类如何去认识自然规律呢？但上帝并不是一个左右不分的痴呆者，自然规律要简单，世间万物却要五彩缤纷。在创造世界万物的时候，上帝便充分发挥他的创造力和想象力，否则，“万物之灵”的生命就不会产生了。

观察我们周围的世界：人的左脸并不完全与右脸一样，大多数人的心脏长在左边，大多数的 DNA 分子是右旋的，地球并不是一个完全规则的球形。正是因为对称中有了这些不对称的元素，对称与不对称的和谐交汇，创造了我们的世界。

不妨深究一下，何谓对称？何谓不对称？可以说，对称中有不对称，不对称中又有对称。并且，对称有多种多样，就几何图像而言，具有某种变换下的对称，但对另一种变换便可能不对称。即使是同一类型的对称，也有对称程度的高低。比如说，一个正三角形和一个等腰三角形比较，正三角形应该更为对称一些，如图 3-5-1(a)。再举旋转群为例：一个球面是三维旋转对称的，在 SO(3)群作用下不变，而椭球面只能看作是在二维旋转群 SO(2)的作用下不变了。用不很严格的说法，SO(2)是 SO(3)的子群，因此，球面比椭球面具有更多的对称性。如果从对称性的高低等级来定义的话，系统从对称性高的状态，演化到对称性更低的状态，被称为“对称破缺”，反之则可称为“对称建立”。例如，当正三角形变形为等腰三角形，或者当球面变成椭球面，我们便说“对称破缺了”。从李群的观点来看，SO(3)是 3 阶的，有 3 个生成元，SO(2)只有 1 个生成元。从球面到椭球面，2 个对称性被破缺。因此，可以从群论的观点来研究对称破缺。

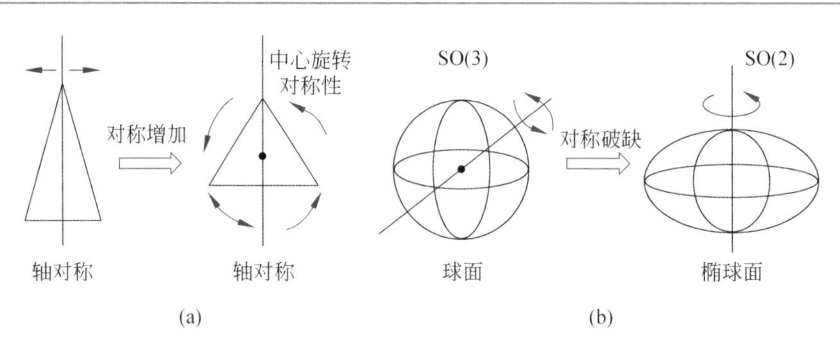

图 3-5-1　对称性的不同等级

(a) 等边三角形比等腰三角形更对称；(b) SO(2)是 SO(3)的子群

物质的相变也是一种对称破缺(或提升)。物质三态中,液态比晶体固态具有更高的对称性。液态分子处于完全无序的状态,处处均匀、各向同性。凝固成固态后,分子有次序地排列起来,形成整齐漂亮的晶格结构。因此,从液态到固态,有序程度增加了,而对称性却降低了、破缺了。

物理学家将“对称破缺”分为两大类：明显对称破缺和对称性自发破缺。

明显对称破缺：系统的拉格朗日量明显违反某种对称性,因而造成物理定律不具备这种对称性。弱相互作用的宇称不守恒,便是属于这一类。

对称性自发破缺又是什么意思呢？它指的是物理系统的拉格朗日量具有某种对称性,但物理系统本身却并不表现出这种对称性。换言之,物理定律仍然是对称的,但物理系统实际上所处的某个状态并不对称。图 3-5-2 中举了几个日常生活中的例子来说明对称性的“破缺”。

图 3-5-2(a)中所示是一个在山坡上的石头,山坡造成重力势能的不对称性,使得石头往右边滚动,这是一种明显对称性的破缺。在图 3-5-2(b)的情况,一支铅笔竖立在桌子上,它所受的力是四面八方都对称的,它往任何一个方向倒下的概率都相等。但是,铅笔最终只会倒向一个方向,这就破坏了它原有的旋转对称性。这种破坏不是物理规律或周围环境的不对称造成的,而是铅笔自身不稳定因素诱发的,

所以叫“对称性自发破缺”。图 3-5-2(c)的水滴结晶成某个雪花图案的过程也属于对称性自发破缺。

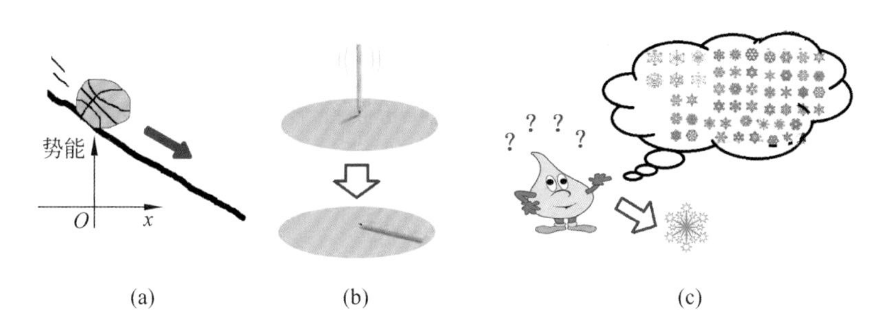

图 3-5-2　自然界的明显对称破缺和对称性自发破缺

(a) 势能曲线左右不对称造成明显对称破缺；(b) 铅笔倒下的对称性自发破缺；(c) 雨滴形成雪花前，每种图案的概率对称，最后对称性自发破缺呈现一种图案

最早从物理学的角度来探索非对称和对称破缺的，是法国物理学家皮埃尔·居里(著名居里夫人的丈夫)。皮埃尔说：“非对称创造了世界。”后来，皮埃尔发现了物质的居里点。当温度降低到居里点以下，物质表现出对称性自发破缺。例如，顺磁体到铁磁体的转变属于这种对称破缺。在居里温度以上，磁体的磁性随着磁场的有无而有无，即表现为顺磁性。外磁场消失后，顺磁体恢复到各向同性，是没有磁性的，因而具有旋转对称性。当温度从居里点降低，磁体成为铁磁体而有可能恢复磁性。如果这时仍然没有外界磁场，铁磁体会随机地选择某一个特定的方向为最后磁化的方向。因此，物体在该方向表现出磁性，使得旋转对称性不再保持。换言之，顺磁体转变为铁磁体的相变，表现为旋转对称性的自发破缺。

如今看起来，对称性自发破缺的道理不难理解，但当初却曾经困惑物理学家多年。对称性自发破缺就是说，自然规律具有某种对称性，但服从这个规律的现实情形却不具有这种对称性，因而在实验中没有观察到这种对称性，理论似乎与实验不符合。如用数学语言描述，就是系统的方程具有某种对称性，但方程的某一个解不一定要具有这种对称性。一切现实情况下的实验结果，是系统“对称性自发破缺”后的某种特别情形。它们只能表现方程的某一个解，反映的只是物理规律的一小部分侧面。

继皮埃尔·居里之后，苏联物理学家列夫·达维多维奇·朗道（Lev Davidovich Landau，1908—1968）和金斯堡用对称性自发破缺来解释超导。美国物理学家安德森扩展了他们的工作。后来，日裔美国物理学家南部阳一郎（1921—2015）首先将“对称破缺”这一概念从凝聚态物理引进到粒子物理学中[23-24]。南部为此和另外两位日本物理学家，发现正反物质对称破缺起源的小林诚和益川敏英，分享了2008年的诺贝尔物理学奖。

凝聚态物理[25]和粒子物理，初看似乎是风马牛不相及的两个领域，在研究时所涉及的能量级别上也相差几百亿倍，但它们在本质上却有一个共同之处：研究的都是维数巨大的系统。粒子物理基于量子场论，凝聚态物理研究的是连续多粒子体系。量子系统的维数需要趋于无穷大，是对称性自发破缺发生的必要条件。

对称性自发破缺的原因是真空态的简并。我们也可以从上面所说的经典例子来理解这点。比如说图3-5-2(b)所示的铅笔，上图中的铅笔的平衡位置，是一个能量较高的不稳定状态，倒下去之后躺在桌子上的状态能量最低，可以看作某种稳定的“基态”。因为铅笔可以向任何一个方向倒下，因而基态不止一个，而是有无穷多个。也就是说，铅笔的“基态”是“简并”的，无限多的。就“基态”的整体而言，是和物理规律一样具有旋转对称性，但是铅笔往一边倒下后，便只能处于一个具体的“基态”，那时就没有旋转对称性了。

第四篇

粒子动物园

还原论贯穿了物理学的始终，从古希腊开始的追本溯源，本质上就反映了求“统一”的想法，之后虽然出现了“层展论”等不同的哲学思想。但是，企图用最少的几个“要素”来描述万物，至今仍然是理论物理学家们的梦想。

1.
追寻世界的本源

世界的本源是什么？答案是多样化的，要看你是把它当成一个哲学问题、宗教问题，还是科学问题。宗教问题难以厘清，每种宗教都有自己的答案，与我们研究的科学没有多大关系，在此不表。

世界本源的哲学解释倒是与科学结论密切相关。在古代，科学尚未建立理论、形成气候之时，只有哲学家来回答这个问题。

总而言之，世界本源问题的答案经过了数次历史的变迁。如同其他的科学问题一样，可以说，没有一个说法是永远完美、没有错误的。科学在不停地进步，人类的认识也在不断完善。本来被认为是正确的东西过一段时间就可能是谬误，科学在永远持续不断的真理和谬误的斗争中成长壮大起来。

对古代哲学家而言，世界本源是个核心问题，古中国和古希腊都是如此。当然，不同哲学家有不同的说法。如公元前500年左右的古希腊“哲学之父”泰勒斯认为万物之本是“水”，水生万物，万物又复归于水。泰勒斯的学生及后辈们，都成为了古希腊时期一代活跃的哲学家，提出了世界本源的各种学说。有人认为不应该将“世界之本”归结为一种起源，应该是起于所有的“无定形”“混沌”之物；还有人认为万物起源于“气”，“气”是无定形的更好体现，因为气哪儿都能去，水却只往低处流。

古希腊不仅有哲学家(图4-1-1)，也有数学家，毕达哥拉斯就是一个数学、哲学两者皆通的典型代表。他提出“数是万物的本原”，如今从物理学家看起来一个颇为奇怪的观点，因为他取消了一切感性的实体，代之以抽象的思想——数。毕达哥拉斯认为数字先于事物而存在，数生万物。因为数字与几何一一对应，所以点生线、线生面、面生体，然后再产生出“水、火、气、土”等元素，乃至世界万物。

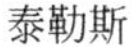
泰勒斯

赫拉克利特

毕达哥拉斯

德谟克利特

图 4-1-1　古希腊哲学家

赫拉克利特(Heraclitus，公元前 540—前 480)，是古希腊一位颇有特色的哲学家。他出身贵族，性格古怪、矛盾，被称为“哭泣哲人”。他的文章经常充满隐喻和悖论，有时让后人读起来感觉隐晦难懂、不知所云，往往引起众多争论。赫拉克利特将他本来可以继承的王位让给了他的兄弟，自己到寺庙过隐居生活，以野草植物度日，被视为人间的“异类”。

在世界本源的问题上，赫拉克利特认为宇宙不是被人或神创造的，而是一团自身永恒燃烧的“活火”。火与宇宙万物可以互相转换。赫拉克利特用对立统一的辩证法思想为宇宙构建秩序和规律。认为万物的运动、物与火之间的转换，都是由它自身的“logos”所决定的。“罗各斯”(logos)这个名词，包含了“话语”“逻辑”“规律”多层意思。赫拉克利特提出罗各斯理论，意在追寻宇宙万物规律的源头。有趣的是，某些中文读物中，将 logos 翻译成“道”字，因为这与老子的“万物生于道，统一于道”的哲学思想不谋而合。

老子是中国春秋时代的思想家和哲学家，道家学派之宗师，其经典名著《道德经》上说：“道生一，一生二，二生三，三生万物，万物负阴而抱阳，冲气以为和。”如此看来，他们的确有相同之处。

随着科学思想的萌芽，哲学家们对世界本源的认识逐渐向物理学的思维靠拢。

大多数哲学家本人也同时思考物理问题，也是物理学家。我国古代有五行之说，认为组成世界的有 5 种基本元素：金、木、水、火、土，并且中国古代的天文学家用这 5 个字为观察到的五大行星命名。中国还有阴阳说，认为世界是由阴和阳两种元素构成的。

古希腊的哲学家柏拉图(Plato，公元前 427—前 347)将泰勒斯等人的水、气、火、土 4 种元素形象化，用 4 种正多面体的几何图像表示，认为它们是组成世界的本源。柏拉图的学生亚里士多德(Aristotle，公元前 384—前 322)认为除了组成地球的 4 种元素之外，还有组成天体的第五元素："以太"。古希腊的数学家已经证明，只有五种正多面体，因此，柏拉图和亚里士多德认为它们与组成世界的 5 种元素一一对应。

原子这个名词，最早是由一位古希腊哲学家德谟克利特提出来的。根据德谟克利特的原子说，世界中每一种事物都由不可分割的"原子"组成，原子可能有不同种类，世界的本质就是原子和虚空。柏拉图则正式使用"元素"一词来表示不同的化学物质。这两个名词："原子"及"化学元素"，一直沿用至今。

2.

从炼金术到周期率

虽然物质结构的理论尚未成熟，但在探索物质奥秘的实验中，化学家却早已捷足先登。可以说，化学的历史从远古时代就开始了。自从人类认识了“火”的作用，就开始制作陶瓷、融化金属、打造工具和武器、提取香料、制造肥皂染料等，这些都可以算是不自觉进行的化学实验。炼金术更是现代化学的先行者和基础，牛顿就是一个终身追求炼金术的狂热信徒。

对不同种类的物质“元素”的认识，在各种各样的化学实验中得到深化和发展。

近代科学中关于世界基本是由原子组成的观点，可以认为是从约翰·道尔顿(John Dalton，1766—1844)开始的，他首次将原子的研究从哲学引进到科学。

道尔顿以 78 岁高龄去世，他终生未婚、安于穷困，只为科学理想而献身。道尔顿是个气象迷，他从 21 岁开始，连续观测和记录当地气象，几十年如一日，从不间断。一直到临终前几小时，他还为近 20 万字的气象日记，颤抖地写下了最后一页，给后人留下了宝贵的观测资料。在老耄贫穷之年，他还把英国政府给予他的微薄养老金积蓄起来，捐献给曼彻斯特大学作为奖学金。

道尔顿对色盲做了很多研究，因为他自己就是个色盲。并且，道尔顿希望在他死后对他的眼睛进行检验，用科学的方法找出他色盲的原因。1990 年，在道尔顿去世后将近 150 年，科学家对其保存在皇家学会的一只眼睛进行了 DNA 检测，发现他的眼睛中缺少对绿色敏感的色素。让我们对这位为科学鞠躬尽瘁的科学家致以深深的敬意。

1803 年 9 月 6 日，道尔顿提出原子学说，以此庆贺自己的生日。不过现在我们知道，物质并不是直接由原子构成，中间还有一个层次，叫作“分子”。当时道尔顿的原子论并没有假设存在分子，因此出来没多久便碰到了与实验不符合、难以解决的困难。比如说，1805年盖-吕萨克发现2体积的氢气和1体积的氧气燃烧，会生成2体积的水蒸气。如何用道尔顿的原子论来解释这个化学反应呢？根据原子论，氢气由氢原子组成，氧气由氧原子组成，水由“水原子”组成。因此，就像图4-2-1(a)中所画的，根据原子论，这个反应好像意味着：2个氢气原子，加1个氧气原子，生成2个“水原子”。也就是说，1个氢原子和“半个”氧原子，生成1个“水原子”。

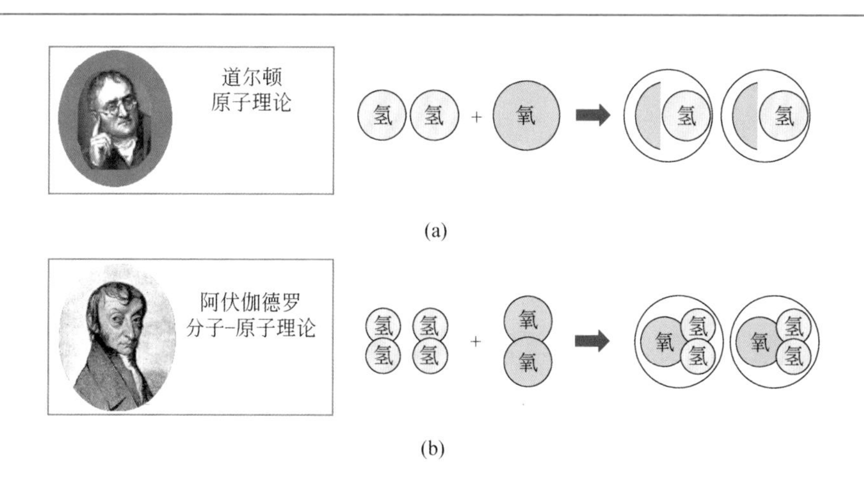

图 4-2-1　道尔顿的原子论和阿伏伽德罗的分子说
(a) 只有原子；(b) 原子组成分子

但是，原子论是不允许存在“半个”氧原子的，道尔顿认为，原子不可能一分为二。

其实这个矛盾并不难解决，将反应中的原子数目都乘以2不就行了吗？换言之，我们可以如此来解释氢气和氧气变成水的反应：2个氢原子和1个氧原子，生成2个“水原子”。这也就是意大利化学家阿莫迪欧·阿伏伽德罗(Amedeo Avogadro，1776—1856)所提出的假设。不过这里他还用了一点技巧，建立了分子的概念，称为“分子说”。并且，他所提出的阿伏伽德罗定律认为同温、同压、同体积的气体含有相同的分子数，这个数字等于$6.022\,136\,7\times10^{23}$，现在已经成为物理学中重要的基本常数之一。阿伏伽德罗的分子-原子论正确地解释了上面的反应[图4-2-1(b)]。

新理论往往不容易被认可。当时欧洲各国的科学家，包括道尔顿，都不接受阿伏伽德罗的理论。一直到差不多过了50年，1860年，阿伏伽德罗已经去世，他的学生在欧洲的一次化学学术讨论会上，重新提起阿伏伽德罗假说，这个分子-原子论才得到学术界承认。

化学家们发现了越来越多的化学元素，认识到世界的本源远不是古希腊哲学家们所想象的"四元素"或"五元素"学说那么简单。不过，化学家们也发现各种元素性质不同，但却符合某种周期性的规律，于是，他们便企图将不同的元素按照周期规律进行分类。1789年，拉瓦锡将当时已知的33种元素分为四类，发布了人类历史上第一张"元素表"。1829年，德贝莱纳对当时已知的54种元素提出了三元素组规则。之后，又有好几位化学家提出化学元素的分类方法，其中最具影响力的是俄国化学家门捷列夫、德国化学家迈尔等发现的元素周期表。

门捷列夫生于1834年，死于1907年，10岁之前居住于西伯利亚，后来成为彼得堡大学教授。1867年左右，门捷列夫在编著化学教科书的过程中，碰到了如何将元素合理列表的难题。当时已知的元素已经多达63种，这些元素性质各不相同，都很有趣，但63是个不小的数目，难道将它们一个接一个地罗列在书中吗？门捷列夫不满意这种方法，试图寻找一种更合乎逻辑的方式来组织这63种元素。

门捷列夫受到他喜欢玩的扑克牌游戏的启发，制作了63张卡片，将63种元素的名称、原子质量、氧化物、物理化学性质等写在上面，整天将这些卡片用不同的方式排来排去，苦苦思索。有时8个一组，有时又变成3个一行，一会儿想到用金属和非金属分别，一会儿又想到按照固体、液体、气体的不同状态放在一起。

1869年某一天，门捷列夫仍然继续拨弄他的63张卡片。他把常见元素按照原子质量递增的顺序排起来，然后又排不常见的元素，排着排着好像悟出了那么一点规律，发现用某一种排列方法，能使得相似的元素按照一定的周期性出现。

最后，门捷列夫终于将这些"扑克牌"排在一起制成了一张表。表的横行表现元素特性的一定周期，而表的纵行是同族元素。特别有意思的是，门捷列夫在表中留下了一些空格，一般来说是位于原子量跳跃太大的地方。门捷列夫大胆地假设，这些空格是属于某些尚未发现的新元素。因此，周期律不仅表现了已知元素的规律，还可以预言尚待发现的元素。

事实上，在 1865 年，一位英国化学家纽兰兹也独立地进行过类似的分类研究，也是将元素用原子量递增的方法排列起来。他发现每隔 8 个元素，物质的物理化学性质便会重复。纽兰兹将此现象取名为“八音率”，这个结论已经十分接近门捷列夫的元素周期率。但是，纽兰兹的工作得到的却是嘲笑和奚落。后来当门捷列夫周期表被人信服并接受之后，英国皇家学会才纠正了对纽兰兹的不公正态度。

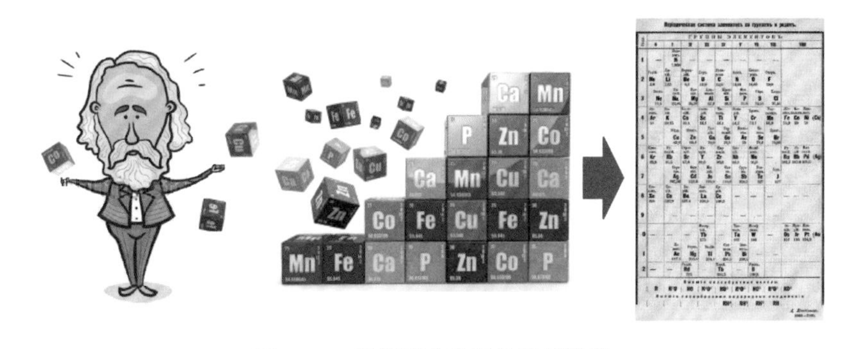

图 4-2-2　门捷列夫发现元素周期律

还有德国化学家迈尔早在 1864 年发明的“六元素表”，也已具备了化学元素周期表的类似结构。因此，虽然元素周期表的功劳通常归于门捷列夫名下，但客观上来说，其发现是众多化学家共同努力的成果，是科学发展的必然。

150 年过去了，如今化学教科书上出现的元素周期表，与当年门捷列夫的周期表已经大不相同。一是元素的数目大大增加，已经有 100 多种，其中 80 多种是天然发现的，有 20 多种为人造元素。另一个区别是：当年门捷列夫按照原子质量来排列元素，现在是按照原子序数来排列，这种排列方式的改变，与后来对原子结构认识的深化有关。尽管有了这些改变，但周期表的基本形式仍然未变，周期律威力不减，成为进入化学研究必经的第一道门槛。

近几十年来，随着与原子有关的实验及理论的发展，对周期律深入探讨和解释的任务逐渐转移到物理学的研究领域。也正是化学元素这种周期分类的重复模式，启发了科学家的思维，感觉其中隐藏着物质结构更为深层更为基本的秘密，最后才发现并证实了所有的原子都是由质子、中子、电子组成的结论。

3. 原子模型

虽然都被称为“原子”，但其内含的基本概念已经经过了多次的历史变迁。

1803 年，道尔顿基于实验将古希腊哲学家德谟克利特等人的原子猜想引入化学中，建立了原子的实心小球模型。道尔顿认为所有物质都由原子组成，同种物质的所有原子都相同，而不同的物质有不同的原子。此外，道尔顿认为原子是不可再分的，他还最先从事了测定原子量的工作，提出用相对比较的办法求取各元素的原子质量，并发表了第一张原子量表。道尔顿首次将原子的研究从哲学引进科学后，提出了科学的原子学说。

在对世界本源的探索中，最激动人心的进展开始于 19 世纪末。1897 年，约瑟夫·汤姆孙(Joseph Thomson，1856—1940)发现电子，这是科学家发现的第一个微观粒子，也是迄今为止一直被认为是基本粒子的一种粒子。此后，越来越多的微观粒子被陆续发现，质子、中子、介子、超子、中微子……相应的，相关理论也一步步被构建起来。

汤姆孙于 1904 年提出原子的西瓜(或葡萄干蛋糕)模型。他将原子想象成一个类似西瓜的小东西，均匀带正电荷的部分是红色的瓜瓤，带负电荷的电子则像西瓜子一样镶嵌在瓜瓤中。不过汤姆孙的原子模型好景不长，很快就被他的得意门生卢瑟福否定了。

英国物理学家欧内斯特·卢瑟福(Ernest Rutherford，1871—1937)和他的助手汉斯·盖革博士，对铀、钍、镭等放出的射线进行研究，发现了 α 粒子。通过观察 α 粒子在电场和磁场中的表现，卢瑟福弄清楚了这种粒子的性质。由于研究 α 衰变对原子研究做出的重要贡献，卢瑟福获得了1908年的诺贝尔化学奖。

卢瑟福用α粒子来探测原子的内部结构，根据这些α粒子提供的大量实验结果，卢瑟福脑海中构造出了一个与老师的西瓜图景不太一样的原子模型，称为“行星模型”。

行星模型与西瓜模型的区别主要是带正电荷的质量在原子中的分布情况。其在西瓜模型中是均匀分布，而在行星模型中则类似于太阳系，质量集中在“原子核”的一块极小的区域内。除了原子核以及那些“星星点点”似地绕着原子核转圈且比原子核小得多、轻得多的电子之外，原子中大部分区域是空空荡荡的。原子核到底有多小呢？稍微计算一下可知，即使是一座大山，将它包括的所有原子核加起来，恐怕也只有一个皮球那么大。

卢瑟福的行星模型，很快就遭遇到经典电磁场理论的当头一棒。电子毕竟不同于行星，行星在引力场中的运动受到的是万有引力，行星的椭圆轨道被庞加莱等人证明是稳定的。而当电子绕核运动时，受到的是电磁力。根据麦克斯韦理论，如果电子是在绕着原子核不停地转圈的话，这个运动电荷应该不停地发射出携带能量的电磁波。根据能量守恒定律，电子也就会连续不停地损失能量，其轨道半径将连续地变小又变小，最后所有电子将会全部奔向原子核。如此一来，原子的行星模型就不会稳定！

这时候，玻尔登上了历史舞台。他改进了卢瑟福的行星模型，将电子的轨道量子化，建立了玻尔的半经典、半量子的原子理论，被称为玻尔模型的“三部曲”。玻尔保留了卢瑟福模型中的电子轨道，但这些轨道不是任意的、连续的，而是量子化的。这些电子遵循泡利不相容原理，各自霸占着一条一条分离而特别的轨道。电子也不能随便发射或吸收电磁波，而是当且仅当它从一个轨道跃迁到另一个可能的轨道时，才会“一份一份的、不连续的”辐射或吸收能量。

玻尔量子化的原子模型成功地克服了卢瑟福经典模型的两个困难。不过，玻尔虽然对“量子”情有独钟，当时却对它的行为还了解不深。所以，玻尔模型还不是彻底的量子力学。原子模型的真正量子力学描述，是在薛定谔建立了波动方程之后，被物理界所公认的电子云模型[图 4-3-1(a)]。

根据量子力学中最令人迷惑的不确定性原理和波动解释，原子的电子云模型摒弃了行星模型的轨道概念，认为电子并无固定的轨道，而是绕核运动形成一个带负电荷的云团，故称为“电子云”。

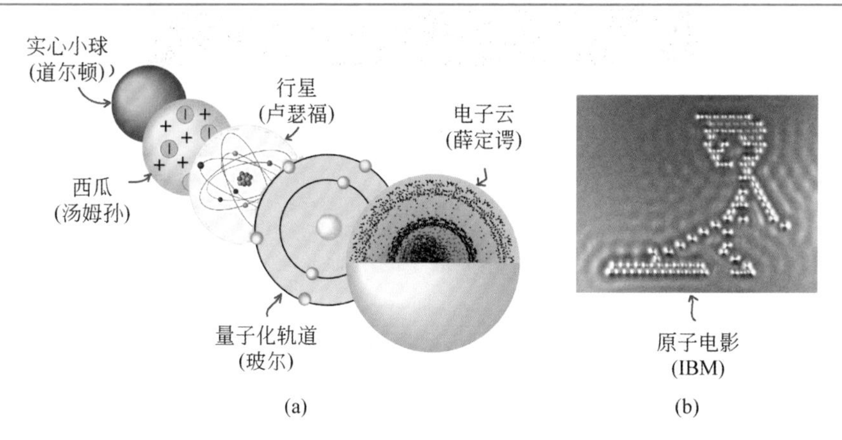

图 4-3-1　从经典的实心球原子模型(a)到 IBM 控制原子制成的超微型原子“电影”(b)

在电子扫描隧道显微镜发明之前，原子是“看不见”的。这种种原子模型，都是物理学家们根据间接的实验数据，进行逻辑推论及发挥超常想象力的结果。不过，大多数人仍然信奉“眼见为实”，既然无法看见，你怎么知道就一定是你说的那个样子呢？

在 1981 年，苏黎世的 IBM 实验室的科学家盖尔德・宾尼(Gerd Bining)和海因里希・罗雷尔(Heinrich Rohrer)发明了电子扫描隧道显微镜，他们为此赢得了 1986 年度的诺贝尔物理学奖。

1990 年，IBM① 的科学家用扫描隧道显微镜排列和观察原子，他们的结果让全世界为之惊叹。如图 4-3-2 所示，那是在金属镍表面用 35 个惰性气体氙原子组成的“IBM”3 个英文字母。

① IBM：International Business Machines Corporation，国际商业机器公司。

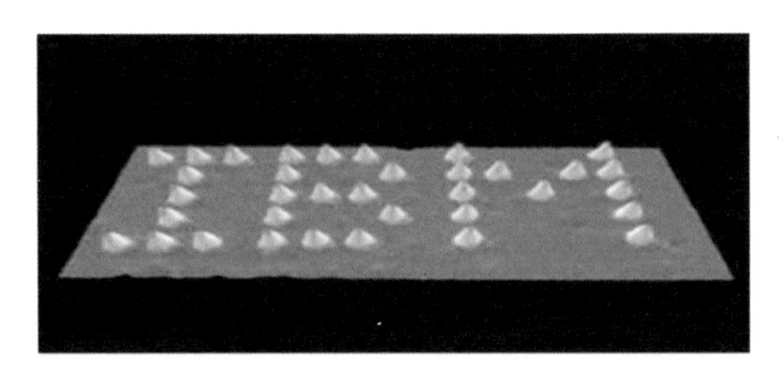

图 4-3-2　用扫描隧道显微镜排列和观察原子

通过扫描隧道电子显微镜，我们不仅看到了原子。还能操控原子，图 4-3-1(b)是美国 IBM 操控原子而拍出的世界上最小的电影。

科学探索无止境，原子的电子云模型，甚至量子理论本身，都一定不会是永远完美无缺的。人们对原子结构的探索不会停止。刚才我们说原子核只集中在原子中心极小的一个区域内，事实上，根据现有的标准模型，原子核中的质子和中子也不是最基本的粒子，而是由更为基本的夸克构成的。对基本粒子的深入研究必将影响到更深一层的原子结构理论，物理研究的大门始终敞开着，等待年轻有志者的到来。

4. 粒子家族大爆炸

历史总是呈现某种螺旋式的循环，科学史也是这样。20 世纪 60 年代，人类发现的所谓“基本粒子”的品种日益增多，被科学家们戏称为“粒子家族大爆炸”，粒子物理学家们面临着与 19 世纪中期化学家们遇到的同样的困境。

(1) 粒子动物园

1933 年，狄拉克关于正电子存在的预言被证实之后，接连又有好几种反粒子及介子等被陆续发现。特别是 20 世纪 30 年代，发明并开始建造高能回旋粒子加速器之后，发现的新粒子的种类和数量越来越多。到了 20 世纪 60 年代，观察到的不同粒子高达 200 多种。这其中大部分来自于宇宙射线，其中许多是与强相互作用相关、寿命超短(约 10^{-23} s)的共振态粒子。接二连三涌现的粒子新品种也许能使实验物理学家们兴奋雀跃一阵子，但却使理论物理学家们一筹莫展，似乎还有点脸面无光、忍辱蒙羞的感觉。人们问：难道“粒子动物园”中这两三百种粒子都是“基本”的吗？粒子物理学家们无言以对，只能耸耸肩膀，两手一摊，相视一笑而已。

同时，在量子场论的理论研究方面也遇到了挫折。尽管狄拉克、费曼等人开创的量子电动力学对处理电磁作用取得了可喜的成功，但将这个理论用于其他相互作用则困难重重。物理学家们所追求的统一理论，试图统一的对象就是组成物质世界的基本粒子以及它们之间的相互作用。到了 20 世纪后期，虽然发现了 200 多种粒子，但相互作用仅仅 4 种而已：电磁作用、引力、弱相互作用、强相互作用。这其中，电磁和引力现象是大家所熟悉的，弱相互作用和强相互作用属于短程力，只在微观世界中起作用。表 4-4-1 是对 4 种相互作用属性的简单概括。

表 4-4-1　4 种相互作用属性

属　性	电磁作用	引　力	弱相互作用	强相互作用
强度	1/137	10^{-39}	10^{-13}	1
范围	∞	∞	$<10^{-17}$	$<10^{-15}$
传递子	光子	引力子	W^+、W^-、Z^0	胶子
荷	电荷	质量	弱荷	色荷
作用粒子	强子、轻子、光子	所有粒子	强子、轻子	强子

如前所述，20 世纪 60 年代，研究 4 种相互作用的理论碰到了困难。引力就不用说了，至今难以驯服；原来在量子电动力学中工作良好的重整化方法，应用到弱相互作用中却不那么顺畅；强相互作用对重整化方法倒还算马马虎虎，但是由于相互作用太强了，作为戴森级数和费曼图基础的微扰论难以得到好的计算结果；此外，对称性原理的使用似乎也陷入了困境。这些问题使得场论的发展停滞不前，理论物理学家们有些灰心丧气的感觉。

有人说，危机就是契机，历史总是用反复玩弄"危机—契机"的花招来折磨科学家。它用危机来吓唬老者，将契机留给年轻一代。

默里·盖尔曼(Murray Gell-Mann，1929—2019)出生于纽约曼哈顿，是早年从奥匈帝国移居美国的犹太家庭的后代。盖尔曼记忆超群、兴趣广泛，语言能力极强，曾被同学们誉为"百科全书"。他本来特别喜欢花鸟虫草等各种植物、动物，但最终却闯入了理论物理的领域中。盖尔曼在耶鲁大学读本科学位，麻省理工学院修博士学位，又到著名的普林斯顿研究院待了一年。1952 年，盖尔曼来到芝加哥大学的费米手下工作，并对强相互作用产生了兴趣。

是什么力将原子核中同带正电荷、本应相互排斥的质子(以及不带电的中子)紧紧地结合在一起？海森伯很早就提出了"同位旋"的概念，试图对此给以某种解释。后来，日本物理学家汤川秀树大胆地为这种作用构造了一个核子间通过介子而传播相互作用的理论模型，并预言了介子的存在。之后，介子得到了实验的证实。尽管汤川秀树的介子理论与现在标准模型对强相互作用的描述不一致，但从历史角度看，它是人类对强相互作用认识深化的一大进步。

提出"奇异数"的概念是盖尔曼对强相互作用所做的第一项重要贡献[26]。后来，盖尔曼转到加州理工学院，在李政道和杨振宁提出弱相互作用中宇称不守恒之后，与费曼合作研究弱相互作用。两人成果不凡。盖尔曼和比他大 10 岁的费曼，加州理工学院的这一对天才，成为 20 世纪五六十年代物理学界最耀眼的明星。许多物理思想在两位对手间激烈的竞争和永无休止的争吵辩论中发展成熟起来，据说这成为加州理工学院物理系的传统风格。包括温伯格在内的许多物理学家对那里强烈的"攻击性"和"战斗性"都有所体会，到那儿去做报告时务必得做好长时间"激战"的准备。

（2）八正法和夸克模型

1954 年，在布鲁克海文实验室工作的华裔物理学家杨振宁，和他同一办公室的米尔斯（当时是哥伦比亚大学的博士生）一起，写了一篇文章，提出后来著名的杨-米尔斯非阿贝尔规范场论，试图仿造外尔用以解决电磁作用的 U(1)规范理论，用 SU(2)群来解决强相互作用的问题，但在质量问题上碰到了困难（见下一节）。然而，这个思想却启发了盖尔曼，他开始思考使用群论来表述粒子动物园中的对称性。

比 SU(2)更复杂一些的下一个群是 SU(3)，这是一个有 8 个参数的李群，其生成元（盖尔曼矩阵）：

$$\boldsymbol{\lambda}_1=\begin{pmatrix}0&1&0\\1&0&0\\0&0&0\end{pmatrix}\quad \boldsymbol{\lambda}_2=\begin{pmatrix}0&-\mathrm{i}&0\\\mathrm{i}&0&0\\0&0&0\end{pmatrix}\quad \boldsymbol{\lambda}_3=\begin{pmatrix}1&0&0\\0&-1&0\\0&0&0\end{pmatrix}$$

$$\boldsymbol{\lambda}_4=\begin{pmatrix}0&0&1\\0&0&0\\1&0&0\end{pmatrix}\quad \boldsymbol{\lambda}_5=\begin{pmatrix}0&1&-\mathrm{i}\\0&0&0\\\mathrm{i}&0&0\end{pmatrix}\quad \boldsymbol{\lambda}_6=\begin{pmatrix}0&0&0\\0&0&1\\0&1&0\end{pmatrix}$$

$$\boldsymbol{\lambda}_7=\begin{pmatrix}0&0&0\\0&0&-\mathrm{i}\\0&\mathrm{i}&0\end{pmatrix}\quad \boldsymbol{\lambda}_8=\frac{1}{\sqrt{3}}\begin{pmatrix}1&0&0\\0&1&0\\0&0&-2\end{pmatrix}$$

SU(3)群的生成元中有两个对角矩阵，对应于其他李代数是 2 阶的。因此，SU(3)的不可约表示可以用两个非负整数(p,q)来表征，不同的组合代表不同的群表示，比如：(0,0)＝一维表示，(1,0)＝三维表示，(0,1)＝三维共轭表示，(1,1)＝八维表示……一直到更高阶的表示状态，等等。这些表示有可能用以代表物理中的粒子共振态吗？

盖尔曼将“粒子动物园”中的成员排列到 SU(3)群的这些表示中。他首先研究 SU(3)的 8 重态表示，因为自旋为 1/2 的重子正好也有 8 个。他将这 8 个重子按照奇异数和电荷数的不同，排列成了一个正六边形图案[图 4-4-1(a)]。在图 4-4-1 中，S 是奇异数，表示纵向坐标，斜向的对角线表示粒子具有相同的电荷。然后，根据 SU(3)群的对称性进行研究。接着，盖尔曼如法炮制，又将不同种类的介子也排成了 8 个一组的正六边形，得到了他称为“八正法”模型，据说这个奇怪的名词来源于佛教的“八正道”。

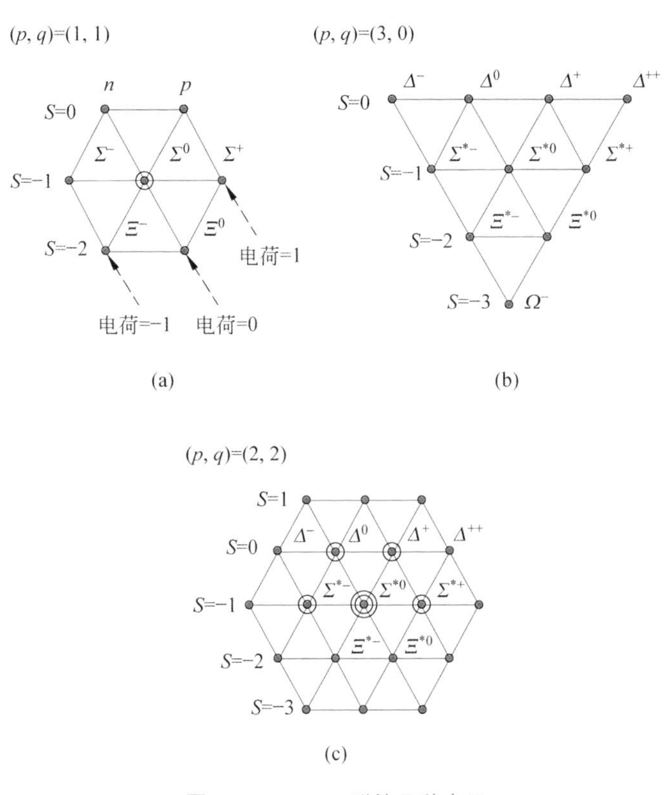

图 4-4-1　SU(3)群的几种表示

(a) 8 重态表示；(b) 10 重态表示；(c) 27 重态表示

虽然 SU(3)群是 8 阶李群，但它的表示并不是只限于 8 重态(1,1)，还有 10 重态(3,0)、27 重态(2,2)等。这些表示又代表哪些粒子呢？况且盖尔曼也不高兴这样没完没了地排下去。此外，还有一个最简单的 3 重态表示也尚未用上，从图 4-4-1 中，似乎 SU(3)的这几个表示都可以用 3 重态的图案(三角形)扩展构造而成。

当时的盖尔曼，并非唯一的一个，也不是第一个认识到 SU(3)群的潜力的人。日本的坂田昌一研究小组在 20 世纪 50 年代就提出基于 SU(3)的坂田模型，他们将质子、中子和 Λ 粒子作为基本砖块，试图构成其他的重子。盖尔曼，还有以色列的尤瓦尔·内埃曼(Yuval Ne'eman)也都产生了用 3 个砖块构造其他粒子的想法，但他们都认为这 3 个砖块应该是比质子和中子更小、更为基本的某种粒子。

真是无巧不成书，盖尔曼和内埃曼几乎同时独立地预言了 Ω^- 粒子的存在。他们用自旋为 3/2 的粒子填充到 SU(3)10 重态表示的结构中，见图 4-4-1(b)，发现最下面一个位置还空着，那应该对应于一个奇异数－3、电荷－1、自旋 3/2、质量约为 1675MeV① 的重子。这个粒子在 1964 年被发现，这是对八正法模型的强有力支持。

看起来，数字 3 与强子的构造一定有点关系。质子和中子为什么不可以是由 3 个更基本的粒子构成的呢？让物理学家们在这个念头上止步的原因与电荷有关，因为这个理论需要假设这些更"基本"的砖块具有分数电荷，比如 1/3 个电子电荷。可是，在实验中谁也没见过分数电荷。但没见过的东西不等于不存在，历史上这种事情多的是。最后，盖尔曼终于越过了这个"坎"，开始用这些带分数电荷的东西来构建理论，并且给它们起了一个古怪的名字"夸克"，它来自于盖尔曼当时正在读的乔伊斯的一本小说，盖尔曼欣赏其中的一句："冲马克王叫三声夸克！"太好了，念起来声音响亮，含义带点莫名其妙的色彩，又与数字 3 有关，真是一个恰当的名字！

于是，经过了多次的反复和犹豫之后，盖尔曼提出夸克模型[26]，认为每个重子

---

① 物理学家为了方便起见，一般采用一种特别的单位，称为自然单位，其中令约化普朗克常数、光速 c、波耳兹曼常数都为 1。即令 $\hbar=c=k_B=1$，自然单位中，质量和能量的单位一样，都可以用电子伏特(eV)来表示。

由3个夸克(或反夸克)组成,每个介子都由2个夸克(或反夸克)构成[27-28]。但是,实验中从未观察到单独的夸克,这点可由"夸克禁闭"的理论来解释。1968年,美国斯坦福大学的SLAC国家加速器实验室(SLAC National Accelerator Laboratory)用深度非弹性散射实验,证明了质子存在内部结构,也间接证明了夸克的存在。之后,又有更多的实验数据验证了强子的夸克模型。盖尔曼因为他对基本粒子的分类及其相互作用的贡献,独自获得了1969年的诺贝尔物理学奖。

5. 基本粒子知多少

1869 年，俄国化学家门捷列夫将化学元素分类排队，组成了元素周期表。元素分类的这种重复模式，启发了物理学家的思维，去探索物质结构更为深层的基本粒子的秘密。最后，发现并证实了所有的原子都是由质子、中子、电子组成的结论。

20 世纪初期和中期，基本粒子是指质子、中子、电子、光子和各种介子，这是当时人类所能探测到的不可分的最小粒子。然而，之后随着实验和量子场论的进展，物理学家们认为质子、中子、介子是由更基本的夸克和胶子等组成，因而将粒子重新分类。

从自旋的角度，所有的微观粒子分为两大类：费米子和玻色子。自旋为半整数的粒子为费米子，服从费米-狄拉克统计规律；自旋为整数的粒子为玻色子，服从玻色-爱因斯坦统计规律。

从结构的角度，所有的微观粒子也分为两大类：基本粒子和复合粒子。基本粒子被认为是不可再分的"世界之本源"，复合粒子由基本粒子构成。

图 4-5-1 所示是现代物理学中公认的基本粒子的分类模型。其实这个基本粒子表比元素周期表看起来简单多了。虽然基本粒子的总数目有 62 种，但从图中所示的大框架来说，主要的方块中只有 4×4＝16 类基本粒子，12 类费米子和 4 类玻色子；再加上放置在旁边的另外两种特别玻色子，一个是希格斯粒子，另一个是可能存在的、尚未包括到标准模型中的传递引力作用的引力子。

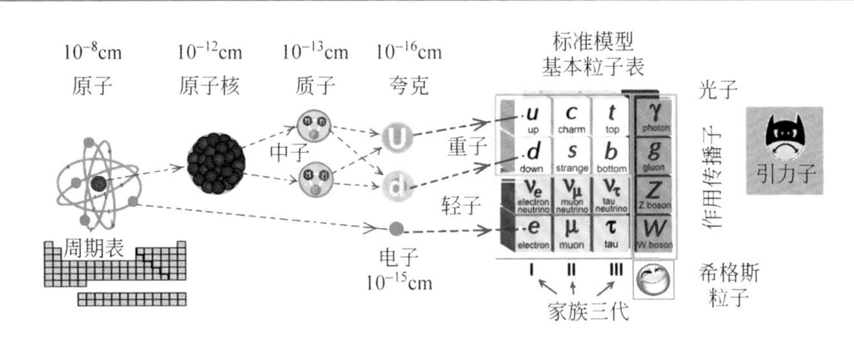

图 4-5-1　从元素周期表到基本粒子表

12 类费米子按 4 个 1 组，分别成为夸克和轻子的 3 代家族。只有第一代家族的 4 个粒子：上夸克、下夸克、电子、电子中微子，是构成通常可见物质的基本砖块，其他两代家族，都与常见物质无关，并且它们算是第一代家族衍生出来的更重的版本，所以除了专门的粒子学家之外，我们可以暂时不去了解它们，也没有必要记住它们。

因此，世界本源的图景并不复杂：物质是由分子构成的，分子由原子组成，原子由原子核和电子组成，原子核中有质子和中子。电子、质子、中子的不同数目决定了元素周期表中不同的元素。质子和中子不再被认为是物质的基本单元，它们属于复合粒子，由更小、更为基本的夸克和反夸克构成，每个质子由 2 个上夸克和 1 个下夸克组成；每个中子则由 1 个上夸克和 2 个下夸克组成。比较复杂一点的是玻色子，它们是宇宙中 4 种相互作用的传递媒介粒子。

在量子引力理论里，引力相互作用假设由引力子(graviton)传递，引力子是自旋为 2 的玻色子。但是，现代物理统一理论中的标准模型还无法将引力作用包括在内，物理实验和天文观测也还没有引力波或引力子存在的任何证据，对此暂且不表。

光子(photon)在图 4-5-1 中用符号 γ 表示，是电磁相互作用的传播粒子。电磁场是符合 U(1)对称性的场，U(1)有 1 个生成元，因而对应的传播子(光子)只有一种，自旋为 1。

胶子(gluon)用符号 g 表示，是夸克之间强相互作用的传播粒子。胶子场是SU(3)群，有 8 个生成元，因而胶子有 8 种，胶子的自旋也是 1。

弱相互作用是使原子衰变的相互作用，其对称性是 SU(2)群，有 3 个生成元，对应于 3 个场传播子：带单位正电荷的 W^+、带单位负电荷的 W^-、电中性的 Z^0。这 3 种粒子自旋为 1，且是短命粒子，半衰期只有 3×10^{-25} s 左右。

希格斯粒子(Higgs boson)是标准模型所预言的一种自旋为 0、不带电荷、质量非 0 的玻色子，在标准模型预言的 61 种基本粒子中，是最后一种被实验证实的粒子，将在第五篇中详细介绍。

第五篇

标准模型

百折不挠的努力终于有了成果，构成世间万物的粒子以及它们之间的相互作用，最终被统一到了一个“标准模型”中，除了顽固的引力作用之外……

1. 规范理论的诞生

谈到规范理论的诞生，我们还得回到20世纪30年代时外尔的工作。

建立和发展规范理论的物理学家，对美都有一种独特的欣赏方式。杨振宁多次在文章和演讲中感叹物理及数学之美；外尔特别欣赏自然界的对称美，他于20世纪50年代初在普林斯顿大学做了一系列有关对称的演讲，后来写成一本名为《对称》的科普小书，广受读者欢迎。

外尔早在1929年曾经提出一个二分量中微子理论，但这个理论导致左右不对称，因而破坏了外尔心中的对称之美，最终被他抛弃了。20多年之后，李政道和杨振宁重新考察了这个理论，继而提出了弱相互作用中的宇称不守恒，并由吴健雄的实验所证实。李、杨二人因此获得1957年的诺贝尔物理学奖，但这时候的外尔已经来不及表示遗憾，因为他在两年前就去世了。

外尔对黎曼几何的重要推广，应该是他对仿射联络空间的研究。

流形上的几何既有整体性，也有局部性。拓扑学给出整体图像，分析学着重局部性质。整体由所有的局部构成。比如说，曲面是一个二维流形，它看起来像是由每点附近的一个个小平面粘贴而成，如图5-1-1所示。而为了在黎曼流形上做微分运算，我们在相邻点的切空间之间引进了“联络”的概念，“联络”可以从度规张量$\boldsymbol{g}_{ij}$及其微分的计算而得到。然后，再以度规和联络为基础，定义协变微分、平行移动、曲率等。从上面的过程看起来，时空中度规张量$\boldsymbol{g}_{ij}$的角色似乎很重要，爱因斯坦建立引力场方程的目的就是要求解时空中的度规张量。

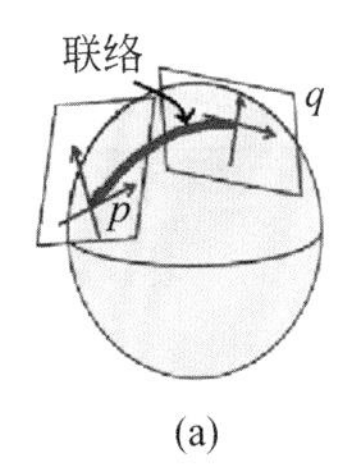

(a)

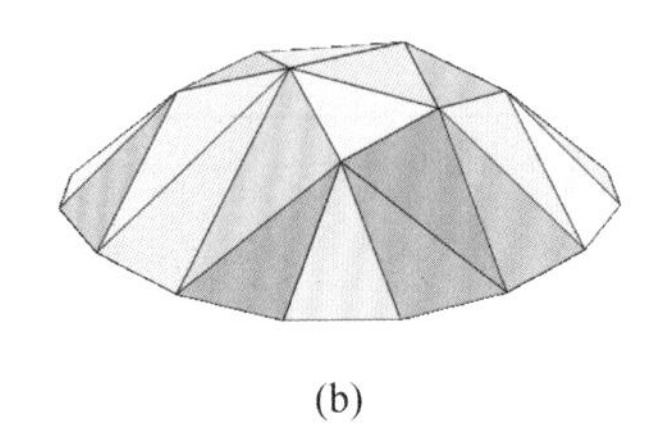

(b)

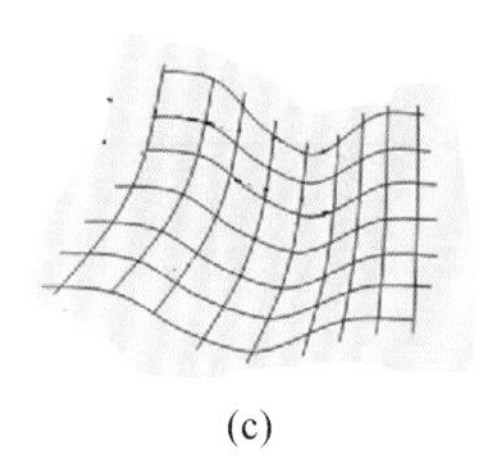

(c)

图 5-1-1　曲面(流形)上的联络

(a) 点 p 和点 q 之间的联络；(b) 小布片拼接成曲面；(c) 联络决定了曲率

然而，外尔在研究黎曼几何和广义相对论时发现，黎曼流形上的平行移动及曲率的计算实际上都只与“联络”有关。换言之，计算曲率不需要用到度规张量，只要有了联络就行了。这是什么意思呢？意思就是说对流形的内蕴几何而言，联络是比度量更为基本的东西，度量实际上是不需要的！打个不一定很恰当的通俗比喻，裁缝要用许多小方布块缝制一顶帽子，或者是类似于图 5-1-1(b)所示的某种曲面形状，他只要有许多小布块(切平面)以及如何将它们互相连接起来的方案(联络)，就能够缝制成他想要的任何形状了，并不需要在每个小方块上用不同的尺子(度规)量来量去。

既然联络的概念更为基本，那么就可以将度规(也就是度量的概念)从所研究的空间中抽去。这又是什么意思呢？让我们先看看，有度量的空间与没有定义度量的空间有什么区别。数学家已经给这两种几何对象取了名字，我们也不妨使用它们：没有度量的为“仿射空间”，定义了度量的为“度量空间”。欧几里得空间和黎曼流形都是度量空间，因为它们定义了度规。

“仿射”一词所表达的意思可以从图 5-1-2 中所列出的平面上的各种几何变换的直观图像而得到。如图 5-1-2 所示，平移变换只是将原图进行空间平移；欧氏变换加上了坐标旋转，但长度和角度保持不变；相似变换引进了尺度的放大和缩小；仿射变换则角度和长度都可以改变，但平行线仍然变为平行线；投影变换则更加放松了条件：不再保证平行线仍然平行。

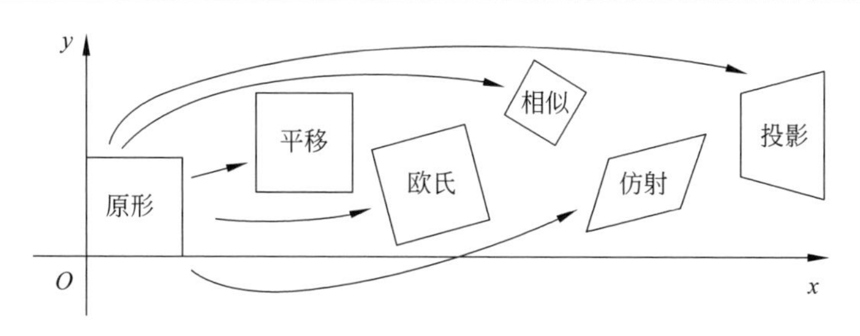

图 5-1-2 各种二维的几何变换

由上所述，我们对“仿射”一词有了一点简单印象。进一步说，可以将平面上的仿射变换看成是连续施行有限多次平行投影而得到。再举几个简单例子来说明欧氏空间和仿射空间的区别：欧氏空间中定义了度量（尺子），可以做平移和旋转，但是线段的长度和相互夹角不改变；而仿射空间中没有了度量的限制，不知尺子为何物，因此长度和角度均可改变，但平行线仍然是平行线。因此，在仿射几何中，所有三角形都与正三角形等价，所有平行四边形都与正方形等价，所有椭圆都与圆等价。但是，平行四边形与不平行的四边形不等价，椭圆与抛物线不等价。

因此，外尔发现曲率等与空间的度量性质无关，只与联络有关，从而提出了仿射联络的概念。外尔认为张量分析应该建立在仿射空间的基础上，而无须假定度量，即不是一定需要首先定义度规张量。联络是比度规张量更为基本的几何量，它不仅仅是人为引进的数学结构，而且具有真实的物理意义。外尔的这些思想，为微分几何建立了更广泛的理论基础。之后，E. 嘉当（E. Cartan）发展了一般的联络理论与活动标架法。再后来，纤维丛与示性类的引入、陈省身开创的整体微分几何研究、物理中杨-米尔斯规范场论的发展以及粒子物理的标准模型等，使微分几何与理论物理互为促进，两个领域都取得了不少突破。

下面，我们再回到外尔对规范场论的贡献。

什么是规范场？什么是规范变换？事实上，规范一词是从外尔几何中的“长度收缩”或“度量标准”英译而来，但是这个词所表达的物理意义最初却是来源于经典物理。其实，直观地说，“规范”表达的是系统具有某种内在的对称性。对称的意思就是在某种变换下不变，因而表述它的变量具有冗余性。我们说雪花的形状是六角对称的，意思是说当我们将它旋转 60°、120°、180°等角度时，它的形状不变，因而可以用它的 1/6 的形状来描述整体。将这个对称的概念用到“规范”一词上。如果我们说，某个系统在某规范变换下不变，就意味着系统具有某种对称性，或是某种冗余性。

考察一下电路中“电压”的概念。大家都知道 220V 的交流电是危险的，接触到便会置人于死地，几万伏的高压线就更不用说了。但是，诸位可能也注意到立于高压线上的鸟儿，却似乎一点危险也没有，仍然能够自由自在地活蹦乱跳。这是因为用“绝对的电压值”来描述电力系统具有某种冗余性。电力系统对绝对电压值的“平移”具有对称性。绝对电压，即鸟儿两个脚的 V_1 和 V_2，不是真正起作用的物理量，两点之间的“电压差”，$V=V_1-V_2$，才具有实在的物理效应。也就是说，用两个数值(V_1、V_2)来表示系统的危险性是多余的，只需要一个数值 V 就足够了。这也就是在电路中(包括电子线路)“接地”概念很重要的原因。重力场也具有与上述电力系统类似的“平移”规范对称性。父母们不太在乎小孩从他们五楼房间的床上往地板上跳，却不能容许孩子从五楼的平台跳到楼下的草地上。这里的物理效应也是不管“绝对高度”，只取决于高度的相对差距而已。

同样类似的“规范”的概念可以搬到经典电磁场中，只不过比上述的“平移规范”具有更为复杂的形式。本书在第一篇中介绍过麦克斯韦的电磁理论，电磁场可以用电场强度 $\boldsymbol{E}$ 和磁场 $\boldsymbol{H}$ 来描述，也可以用相对论效应的四维电磁势 $\boldsymbol{A}$ 来更为方便地描述。但是，根据经典电磁理论，只有电场和磁场才与物理效应有关，电磁势与物理效应不是一一对应的，它具有一定冗余性，就像“绝对电压”很高的值并不能电死鸟儿一样，电磁势的值不完全等效于物理作用。经典电磁理论中，对于同样的电场和磁场，电磁势 $\boldsymbol{A}$ 不是唯一的，如果四维电磁势 $\boldsymbol{A}$ 作如下规范变换时，电场强度 $\boldsymbol{E}$ 和磁场强度 $\boldsymbol{H}$ 保持不变：

$$\boldsymbol{A} \rightarrow \boldsymbol{A} - \partial\theta(x) \tag{5-1}$$

式(5-1)中 θ 是一个任意函数，这说明对于描述同样的电磁场，四维电磁势 $\boldsymbol{A}$ 不是唯一的。在这里的规范变换一词，便反映了电磁系统用四维矢量势来表述电磁场时的这个冗余性。

以上所述的是经典电磁场中的规范变换。规范变换除了经典的，还有量子的；或者也可以分类为整体的和局部的。整体规范变换的实例之一是刚才说的电路接地的问题，用定义一个整体的零点“地”来解决。经典规范变换在经典电磁理论中与电磁势的冗余性有关。

电场强度 $\boldsymbol{E}$、磁场强度 $\boldsymbol{H}$（或者 $\boldsymbol{B}$）以及电磁势 $\boldsymbol{A}$ 的作用，在经典理论和量子理论中有不同的解释。换句话说，带电粒子在电磁场中受到力的作用，但从经典理论和量子理论的观点来看，作用的方式有所不同。下面用图 5-1-3 来说明这个不同。

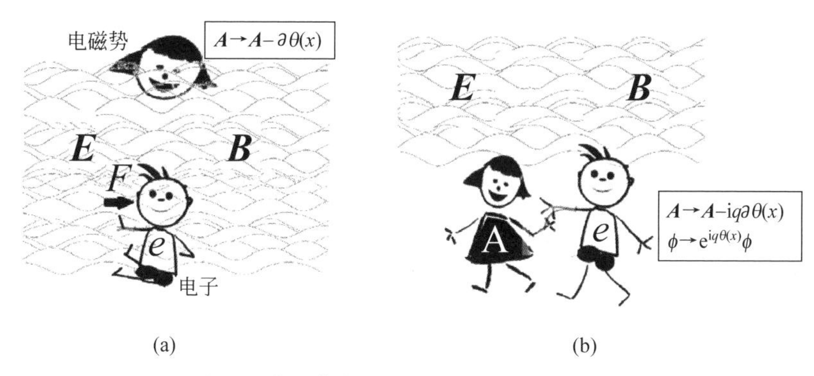

图 5-1-3　经典规范变换和量子理论中规范变换的不同

(a) 经典电子只感觉到场强，不知电磁势及规范变换为何物；
(b) 量子的电子感受到规范变换并追随它一起变换

从经典理论的观点，带电粒子直接感受到的作用力 $\boldsymbol{F}$ 来自于电场强度 $\boldsymbol{E}$ 和磁场强度 $\boldsymbol{B}$。矢量势 $\boldsymbol{A}$ 只是为了计算方便而引进的数学工具，且矢量势不是唯一的，在 $\boldsymbol{A}$ 的规范变换下，电场和磁场保持不变。换言之，经典的带电粒子只认识电场、磁场，不知道什么规范不规范，见图 5-1-3(a)。而在量子理论中，电子的特性就不太一样了，在它们的眼里，电场 $\boldsymbol{E}$ 和磁场 $\boldsymbol{B}$ 已经退居第二位，电磁势 $\boldsymbol{A}$ 出面和它们直接打交道，见图 5-1-3(b)。1959 年英国两位理论物理学家阿哈罗诺夫(Aharonov)和波姆(Bohm)所发现的 AB 效应，从实验上证实了经典和量子的这一区别。外尔建立的量子电磁规范理论，与经典电磁理论中的规范变换[式(5-1)]不同，也正是这个原因。

根据我们在“第一篇 6. 外尔——苏黎世一只孤独的狼”中的介绍，外尔当初为了统一引力场和电磁场，在黎曼度规上乘以一个任意的尺度因子，这也导致系统有了某种冗余性。然后，他又引入了一个 1 次形式，让尺度因子和这个 1 次形式按照一定的规律同时变换来消除冗余性。这个 1 次形式就是电磁势，这个变换也叫作“规范变换”。但外尔的规范变换除了 1 次型电磁势的变换[式(5-1)]之外，还包括了黎曼度规尺度因子的变换：

$$\boldsymbol{g}_{ij} \rightarrow \mathrm{e}^{\theta(x)} \boldsymbol{g}_{ij}$$

当初外尔试图用这个尺度因子改变黎曼度规来统一引力和电磁力，但没有成功。后来，1929 年，在福克(Fock)和伦敦(London)的启发下，外尔带着“量子”这个新武器，再次返回到这一课题。这一次，外尔将其原来的理论作了如下两点改变：

(1) 规范变换不是作用在度规张量 $\boldsymbol{g}_{ij}$ 上，而是作用在电子的标量场 ϕ 上；

(2) 在原来变换中尺度因子的指数上，乘以一个 i，也就是 −1 的平方根。

第一点改变说明，研究的问题是电磁场和电子的相互作用，而不是原来试图解决的电磁场和引力场的相互作用。第二点改变说明，外尔原来想引入的不可积标度因子，改变成了电子波的一个不可积的“相”因子。大家现在都习惯了，凡是加上这个虚数 i 的地方，一般就表示进入了量子力学，引入了波动性！

在上述两点改变下，外尔的电磁规范变换成为以下由两个变换组成的联合运算：

$$\phi \rightarrow \mathrm{e}^{\mathrm{i}q\theta(x)} \phi, \quad \boldsymbol{A} \rightarrow \boldsymbol{A} - \mathrm{i}q\partial\theta(x) \tag{5-2}$$

图 5-1-3(a)和图 5-1-3(b)分别直观地说明了经典规范变换[式(5-1)]和量子理论中规范变换[式(5-2)]的不同。经典电磁场的规范变换，只是电磁势 $\boldsymbol{A}$ 自己变换，然后使得 $\boldsymbol{E}$ 和 $\boldsymbol{B}$ 变化而引起电子所受作用力 F 的变化，电子完全处于被动的位置。量子理论中的规范变换包括两部分，电子的场 ϕ 的相因子变换，以及电磁势 $\boldsymbol{A}$ 的补偿变换，电子不再是被动的，而是通过电子场与电磁场相互作用，两者一起

变换。

式(5-2)中,为简单起见,将电子的场函数 ϕ 取为标量函数。但实际上,它是代表薛定谔方程(或狄拉克方程)的解,不一定是标量。此外,量子规范变换[式(5-2)]与粒子的电荷 q 有关,物理学家为了方便起见,一般采用一种特别的单位,称为“自然单位”,其中令约化普朗克常数$\hbar$和光速 c 都为 1。

在电子场与电磁场两类规范变换的同时作用下,能使得物理规律保持不变,人们也常常将电子场的相因子变换叫作“第一类规范变换”,电磁势的补偿变换叫作“第二类规范变换”,引入的场 $\mathbf{A}$ 则被称为“规范场”。

改进后的外尔规范理论,已经不是原来的尺度变换理论,而变成了“相因子变换”理论。它没有了爱因斯坦当年所批评的“钟和尺”不确定的问题,被成功地应用于量子电动力学中,为实验所精确证实。四维矢量势 $\mathbf{A}$,也正确地描述了与电子相互作用的电磁场。在量子理论中,电子场 ϕ,或者是波函数 $\phi(x)$表示的是电子的概率幅,它的绝对值的平方是电子在时空中某一点出现的概率。而复数相位的绝对大小没有物理意义,有意义的只是不同时空点之间的相位差,它影响到概率波的干涉效应。将概率幅乘上一个相因子 $e^{iq\theta(x)}$,意味着概率幅的相位变化了一个角度 $q\theta(x)$,对计算概率丝毫没有影响。

后来,杨振宁将规范场论推广到比外尔电磁规范更复杂得多的阿贝尔群,并且发现了规范场与数学中的纤维丛理论之间的紧密联系。这种关联的发现,不仅仅把规范场论置于严格的数学基础上,而且为数学家也展现了一片崭新的广阔天地。

纤维丛的概念是空间乘积概念的推广。如果打个通俗比喻的话,纤维丛可以顾名思义直观地理解为一根作为基底的铁丝上缠绕着许多根纤维(毛线),或者是想象成凸凹不平的泥土地上长满了长长短短的杂草。用点数学术语的话,铁丝和土地被称为“基空间”,毛线或杂草是纤维。那么,整体便构成了纤维丛。基空间和纤维可以是任意形状的流形,铁丝弯曲成了什么形状?泥土地是平面还是球面?两者结合在一起的方式也可以是非平庸的,比如说像默比乌斯带那样扭曲了几次,或者是某种卷曲、打结等古怪的样子?有关纤维丛的更深入介绍,可见参考文献[29]。

规范场论是纤维丛理论在物理学中的体现，规范场纤维丛的基空间是四维弯曲时空，规范场是纤维或纤维间的联络。

按照图 5-1-4，再用纤维丛的观点将规范变换的图像总结一下。经典理论中，每个时空点电磁势 **A** 的数值被允许在一定范围内变化，但仍然保持场强不变。想象这些 **A** 的数值在时空点上堆成一个高塔，或称为“纤维丛”。电磁势的值在纤维上滑动，经典电子感觉不到这种滑动，如图 5-1-4(a)所示。但在量子理论中，电子运动用它的波函数(概率幅)描述，概率幅遵循对称性，可以相差一个任意相因子，在复数平面上旋转而不改变物理规律，见图 5-1-4(b)。如果相因子的指数 θ 是时空的函数$\theta(x)$的情况，便得到图 5-1-4(c)。这种情况下，当电磁势 **A** 的值在纤维上滑动的同时，电子的场变量$\theta(x)$在复数平面上转圈，两者的总效应能保持物理规律不变。

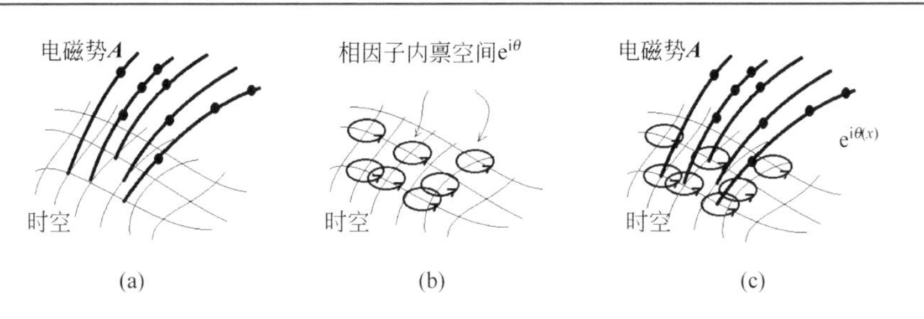

图 5-1-4 规范场是时空上的纤维丛

(a) 经典电磁势规范变换；(b) 电子场的相因子对称性；(c)“电子+电磁场”的规范变换

2. 杨-米尔斯理论

1949年春天,杨振宁(Chen-Ning Franklin Yang,1922—)从芝加哥大学前往普林斯顿高等研究院做研究。之后,创立电磁场规范理论的赫尔曼·外尔从高等研究院退休离开了普林斯顿,杨振宁搬进了外尔的旧居,并成为高等研究院的永久成员。按照戴森的说法,他接替外尔的位置,成为理论物理界的一只"领头鸟"[12]。

杨振宁不仅接租了外尔的房子,接替了外尔理论物理界的位置,还将他在规范理论方面的工作做了一个漂亮的推广。

将之前介绍的外尔电磁规范理论回味一下,就会发现,规范场论的最迷人之处在于它可以仅从电子运动的对称性出发,自然地从数学上引入电磁场。上述说法使人迷惑,因为凡是学过初中物理的人都知道,人类对电磁现象的认识是从诸多自然现象开始的。富兰克林的雷电实验、法拉第的电磁感应、麦克斯韦的理论综合,再到赫兹发现电磁波,一个接一个的科学家对电磁相互作用做出了贡献。现在怎么又说,电磁波这种物理现象,可以从与数学有关的电子对称性而"得到"呢?

别着急,上面说法的大概思路如下。

首先,不考虑电磁场,只看电子的情形。量子力学中薛定谔方程的解,也就是电子满足的波函数 ϕ,相位是不确定的,可以将整个波函数乘以一个任意的常数相因子 $e^{iq\theta}$ 而得到同样的物理效果,即自由带电粒子的系统具有某种整体规范对称性。从诺特定理可知,某种对称性对应于某种守恒定律,带电粒子波函数的相因子规范对称性对应于电荷 q 守恒。整体规范不变性表现在系统的拉格朗日量在某种对称变化下不变。例如,自由标量场 ϕ 的拉格朗日量形式为:

$$\mathcal{L}_{\phi}=(1/2)(\partial\phi^{*}\partial\phi)-(1/2)m^{2}(\phi^{*}\phi)^{2}$$

将变换 $\phi\to e^{iq\theta}\phi$ 代入上面的拉格朗日量表达式中，很容易看出这个变换将保持拉格朗日量不变，因为复数场乘以其共轭函数使得变换中的相因子互相抵消了。从物理意义上看，波函数 ϕ 是电子概率幅，将概率幅乘以一个相因子 $e^{iq\theta}$，意味着概率幅的相位整体变化了一个角度 $q\theta$，对计算概率丝毫没有影响。因此，如果这个相因子是与时空位置 x 无关的，即 θ 是整体不变的常数，便完全不会影响物理规律。使用群论的语言，相因子对称性也就是 U(1)群对称。也就是说，系统的拉格朗日量在由 U(1)描述的整体规范变换下是不变的。

具有整体规范对称的系统，是否也能有“局域”规范不变呢？局域的意思是说，相因子中的 θ 是时空位置的函数[写成 $\theta(x)$，x 表示四维时空坐标]。这时，场的变换相因子不再是一个整体的常数，而是每个时空点都不一样的函数。从以上拉格朗日量表达式可知，第二项仍然保持规范不变，但第一项因为包含了微分便不再是规范不变的了。

外尔的电磁规范理论解决了这个问题。为了保持电子运动的局域规范不变，外尔引进了一个四维矢量场 $\mathbf{A}$，与电子场关联起来，并使得作局域规范变换时，$\mathbf{A}$ 也相应地变换。也就是说，当电子场变换相因子中的 $\theta(x)$ 是时空的函数时，四维矢量场 $\mathbf{A}(x)$ 也作相应变换的话，就能保证系统的拉格朗日量不变，也就是物理规律不变。

如果用图 5-1-3(b)的有趣而直观的比喻来说，就是外尔给电子 e，或是电子场 ϕ，找了一个“女朋友” $\mathbf{A}(x)$，两人一起跳舞，同时变换，互相默契、相互作用，遵循变换规律：

$$\phi\to e^{iq\theta(x)}\phi$$

$$\mathbf{A}\to\mathbf{A}-iq\partial\theta(x)$$

便能保证系统的物理规律不变。并且，出人意料的是，由此而添加的规范场 $\mathbf{A}$，即外尔为电子场找的“女朋友”，是物理学家们早就认识熟悉的，她的名字叫作电磁场的四维矢量势。

从以上的分析过程可见，矢量场 $\boldsymbol{A}(x)$ 是为了保证电荷守恒的局域对称性，使得带电粒子场的拉格朗日量在对称变换下保持不变而引进的一种数学形式，一开始似乎并没有任何物理意义，我们将它看作"电磁势"，只是因为它正好和我们已经熟知的电磁作用性质一样。

电子的"女朋友"电磁势可以正确地描述电子与电磁势的相互作用，物理学家们就让她正式成为家庭的一员，添加到系统的拉格朗日函数表达式中。因此，电子及电磁场的总系统的拉氏函数包括了 3 项：

$$\mathcal{L} = \mathcal{L}_{\phi} + \mathcal{L}_{A} + \mathcal{L}_{\text{相互作用}}$$

不在这里讨论这个拉氏函数的具体形式，有兴趣读者可以参考文献[30]。

然后，从拉格朗日表达式 $\mathcal{L}$，可以使用最小作用量原理，应用变分法，推导出系统的运动方程，其中将包括了用四维矢量势 $\boldsymbol{A}(x)$ 描述的电磁场的麦克斯韦方程组。磁场 $\boldsymbol{B}$ 和电场 $\boldsymbol{E}$ 可以从用 $\boldsymbol{A}(x)$ 表示的四维电磁场张量的分量计算出来。再进一步，诸如库仑定律、法拉第定律这些实验规律都可以被推导出来。所以，以规范变换的观点，电磁场及其规律不是首先作为一个物理实在而引入，却是从系统对称性出发。成为满足与电荷守恒相关的 U(1)对称性而导致的一个必然结果。

以上叙述过程中涉及的电子场 ϕ 和电磁场 $\boldsymbol{A}$，都仍然属于经典场，外尔最初的电磁规范理论描述的是两个经典场之间的相互作用。使用量子场论的方法将经典场"二次量子化"之后，便可以推广到电子和光子间的相互作用。但无论如何，基本结论是一致的：电磁场，以及作为电磁相互作用媒介子的光子，都是考虑对称性而得到的自然结果。

这就是数学之美、理论物理之美。这种美迷住了外尔，也吸引了华裔物理学家杨振宁。

外尔一生珍爱他工作中的两样东西：规范场和非阿贝尔李群。而这两个领域也正好是年轻的杨振宁兴趣所在。杨振宁到芝加哥大学后，从泡利的关于规范不变性的综合报告中，更深入地了解到电荷守恒与规范不变之间的深刻联系，杨振宁后来在回忆中将外尔规范场称为当时"理论中的一组美妙的旋律"[31]，并想把这个理论推广到同位旋的相互作用上去。

同位旋是海森伯为表达质子和中子间的对称性而引入的。如果撇开质子和中子这两种粒子电荷的不同，单就强相互作用而言，它们是完全对称的，可以看作相同粒子的两种不同状态。

电荷守恒可以导出电磁相互作用势以及电磁场运动规律，那么从同位旋守恒遵循的对称性，是否可以导出强相互作用的规律呢？杨振宁从芝加哥大学开始，便按照这个思路摸索了好几年，但没有得到满意的结果，具体计算也越来越复杂，似乎难以进行下去。

不过，这个推广规范场的想法总在杨振宁脑海中挥之不去。1953—1954 年，杨振宁暂时离开普林斯顿高等研究院，到纽约长岛的布鲁克海文实验室工作一段时期，正好和来自哥伦比亚大学的博士生米尔斯使用同一个办公室。布鲁克海文实验室有当时世界上最大的粒子加速器，世界各地也不断传来好几种介子被陆续发现的消息，这些实验使得这两位物理学家既振奋又雄心勃勃，杨振宁迫切感到需要寻找一个描述粒子间相互作用的有效理论，他对规范理论的思考也有了重大的突破。他和米尔斯认识到描述同位旋对称性的 SU(2)是一种“非阿贝尔群”，与外尔的电磁规范理论的对称性 U(1)完全不同，需要进行不同的数学运算。比如，将四维电磁矢量势 $\boldsymbol{A}$，推广到杨-米尔斯场的情况时，用 $\boldsymbol{B}$ 来表示。$\boldsymbol{A}$ 是电子场的“女朋友”，$\boldsymbol{B}$ 是杨-米尔斯场的“女朋友”。因为杨-米尔斯场描述的对象是两个分量的同位旋，与其般配的“女朋友”$\boldsymbol{B}$ 也不是原来的矢量场了，应该是 2×2 的矩阵场！而矩阵是不对易的，因而，在相应的张量 $\boldsymbol{F}_{\mu\nu}$ 表达式中需要加上一项对易子，见图 5-2-1。

$$\boldsymbol{F}_{\mu\nu}=\left(\frac{\partial \boldsymbol{A}_\nu}{\partial x_\mu}-\frac{\partial \boldsymbol{A}_\mu}{\partial x_\nu}\right) \xrightarrow[\text{非阿贝尔杨-米尔斯场}]{\text{推广到}} \boldsymbol{F}_{\mu\nu}=\left(\frac{\partial \boldsymbol{B}_\nu}{\partial x_\mu}-\frac{\partial \boldsymbol{B}_\mu}{\partial x_\nu}\right)+(\boldsymbol{B}_\mu\boldsymbol{B}_\nu-\boldsymbol{B}_\nu\boldsymbol{B}_\mu)$$

$\boldsymbol{A}$是矢量势　　$\boldsymbol{B}$是2×2的矩阵　　对易子

图 5-2-1　从电磁规范场到非阿贝尔杨-米尔斯场

当杨振宁和米尔斯认识到这一点，加上对易子一项后，计算变得简单顺畅起来。如杨振宁在回忆中说："我们知道我们挖到宝贝了！"[31]通过两人卓有成效的合作，他们在《物理评论》上接连发表了两篇论文[32-33]，提出杨-米尔斯规范场论。

在寄出文章之前，1954 年的 2 月，杨振宁应邀到普林斯顿研究院做报告，当时正逢泡利在高研院工作一年。当杨在黑板上写下他们将 $\boldsymbol{A}$ 推广到 $\boldsymbol{B}$ 的第一个公式时，"上帝鞭子"开始发言了："这个 $\boldsymbol{B}$ 场对应的质量是多少？"急得杨振宁一身冷汗，因为这个问题一针见血地点到了他们的"死穴"。之后泡利又重复了一遍同样的问题，杨只好支支吾吾地说事情很复杂，泡利听后便冒出一句他常用的妙语："这是个很不充分的借口。"当时的场景使杨振宁分外尴尬，报告几乎做不下去，幸亏主持人奥本海默出来打圆场，泡利方才作罢[34]。

泡利尖锐的评论，说明他当时已经思考过推广规范场到强弱相互作用的问题，并且意识到了规范理论中有一个不那么容易解决的质量难点。

第二天，杨振宁接到来自泡利的一段信息，为昨天报告会之后没有深谈而遗憾。在信中，泡利还给这两位年轻物理学家的工作致以美好的祝福，并建议杨读读薛定谔的一篇文章。

那是一篇有关狄拉克电子在引力场时空中运动的相关讨论。不过，直到多年后，杨振宁才明白了其中所述的引力场与杨-米尔斯场在几何上的深刻联系，从而促进他在 20 世纪 70 年代研究规范场论与纤维丛理论的对应，将数学和物理的成功结合推进到一个新的水平。

规范场论中的传播子都是没有质量的，否则便不能保持规范不变。电磁规范场的作用传播子是光子，光子正好本来就没有质量。但是，强相互作用不同于电磁力，电磁力是远程力，强弱相互作用都是短程力，短程力的传播粒子一定有质量，这便是泡利当时所提出的问题。果然是因为这个质量的难题，让规范理论默默等待了 20 年！

当年的杨-米尔斯规范场论虽然没有真正解决强相互作用的问题，但却构造了一个非阿贝尔规范场的模型，为所有已知粒子及其相互作用提供了一个框架。后来的电弱统一、强相互作用，直到标准模型，都是建立在这个基础上。即使是尚未统一到标准模型中的引力，也完全可以包括进规范场的理论之中。如今，60 多年过去了，“对称支配相互作用”已经成为理论物理学家的一个坚定信念。所以，可以毫不夸张地说：杨-米尔斯规范场论，对现代理论物理起了“奠基”的作用，如图 5-2-2 所示。

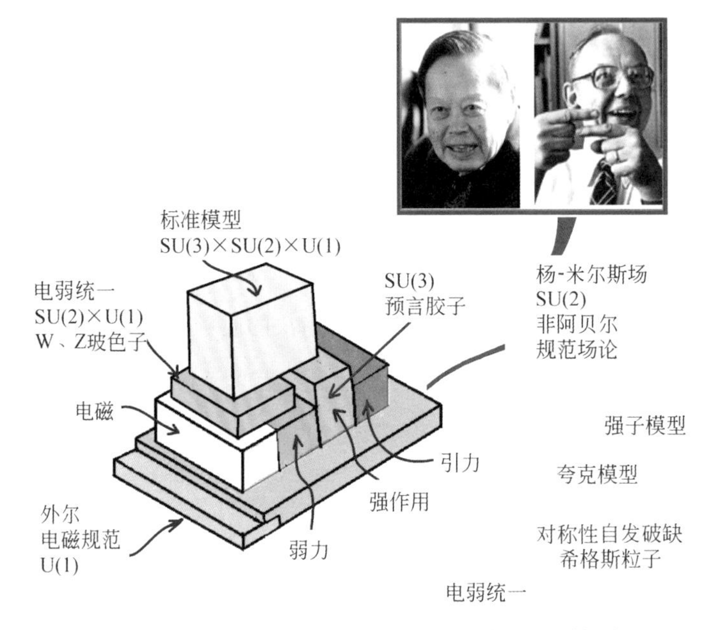

图 5-2-2　杨-米尔斯规范场论对大统一理论起了“奠基”的作用

3. 上帝是个左撇子?

我们周围的世界如此的丰富多彩,是因为对称中还有不对称。物理世界也是如此,科学奖项颁发给发现对称的人,也颁发给发现不对称的人。至少有 7 位学者,因为研究"不对称"而获得了诺贝尔物理学奖。这其中有我们熟知的华人学者李政道和杨振宁。

回过头来看历史,李政道和杨振宁于 1956 年提出的"宇称不守恒"应该是早在 1928 年就在 R. T. 考克斯(R. T. Cox)等人的实验中被观察到了[35],但当时未引起人们的注意,因为谁也没想到会有宇称不守恒的情形出现。"宇称"是量子物理中的专业名词,它与公众熟知的"镜像对称"有关。

每个人都有照镜子的经验。在镜子中,你的左手变成了右手,右手变成了左手。因此,对一个具体实物而言,镜像对称就是左右对称,如图 5-3-1 所示。如果用数学的语言描述的话,镜中所成之像对原像而言,是将三维空间中的一个坐标轴(图中的 x)的方向反过来($x'=-x$)的变换,或称为"反射变换"。因此,照镜子就是进行了一个反射变换。对二维图案来说[图 5-3-1(a)],比如字母"A",镜像对称的意思是说它在左右反射变换下保持其形状不变。但如果考虑三维物体的镜像反射变换,除了"左右"变换之外,还有一个重要的变换特征:手征性。也就是如图 5-3-1(b)所示的,原像中右旋的螺丝钉,其镜像变成了左旋的螺丝钉。手征性也可以用三维空间笛卡儿坐标系 3 个坐标轴的相对方向来表示,如图中所示,镜像反射使右手坐标系变成了左手坐标系。

(a)

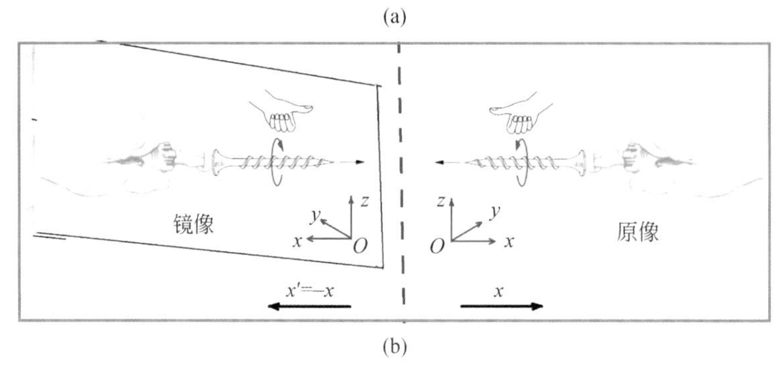

(b)

图 5-3-1 镜像反射

(a) 平面图案的反射变换；(b) 三维实物的反射变换

右手坐标系是我们常用的坐标系，就像日常生活中常见的螺丝钉，大多数都是右旋的。在图 5-3-1(b)所示的右手坐标系中，如果将右手 4 个手指从 x 轴向 y 轴旋转弯曲，大拇指的指向正好就是 z 轴的方向。右旋螺钉也有类似的性质，当我们顺着右手 4 个手指方向，即顺时针方向，旋转右旋螺钉时，螺钉向着拇指所指的方向移动，这叫作“右手法则”。左手坐标系（或左旋螺钉）的性质则不一样，上面的说法需要反过来，将“右手法则”换成“左手法则”。

物理中与宇称相关的反射变换，便可以定义为将右手坐标系变成左手坐标系的变换。在三维空间中实现反射变换的方法是将空间的奇数个坐标（1 个或者 3 个）反向。为方便起见，我们仅考虑 3 个空间坐标轴（x，y，z）同时反向的情况，或称“空间反演”，见图 5-3-2。

根据诺特定理，每一种连续对称变换都将对应一个守恒量。诺特定理也能推广到离散对称群的情况，空间反演所对应的守恒量即为“宇称”。

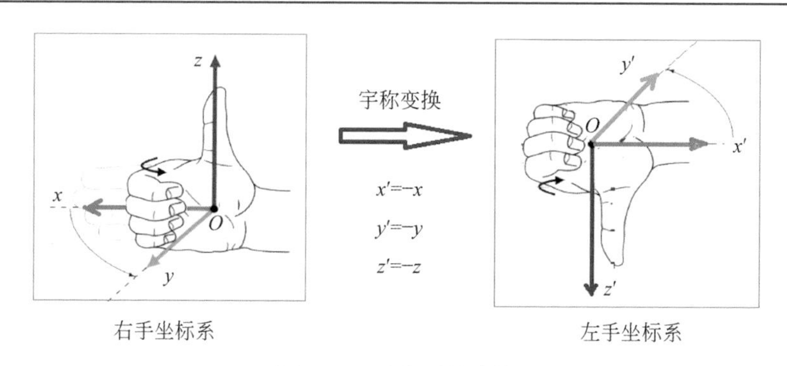

图 5-3-2　空间反演变换

粒子物理学中，根据每种粒子的波函数的空间反演变换性质，可以赋予它一个内禀的宇称量子数：偶宇称（表示为 1）对应于空间反演下不变的波函数，奇宇称（−1）对应于空间反演下符号改变的波函数。多个粒子系统总的宇称，等于其组成粒子宇称之乘积。如果系统总宇称在反应过程前后保持不变，则谓“宇称守恒”，反之则谓“宇称不守恒”。

因而，实验上可以从两个方面来检验宇称守恒与否。一是直接从反应前后总宇称的变化；二是从对称性考虑，检验在空间反演变换下，物理规律是否不变。

刚才说过，空间反演变换不过就是从右手坐标系变换成左手坐标系，而使用右手坐标系还是左手坐标系？螺丝加工成右旋或左旋？这些似乎只是一种人为的约定，应该与大自然遵循的物理规律无关。换言之，物理规律似乎不应该以我们使用的是右手坐标系还是左手坐标系而改变。因此，在 1956 年之前，物理学家们都坚定地认为宇称是守恒的，亦即一切物理过程都应该遵循“宇称守恒定律”。

不过，世界上的怪事多多，特别是在微观领域——奇怪的量子世界中，更是无奇不有。最开始让人怀疑到宇称守恒的是所谓“θ-τ 之谜”。物理学家们发现，当高能质子和原子核碰撞时产生的 K 介子有两种完全不同的衰变方式：有时衰变成 2 个 π 介子，有时衰变成 3 个 π 介子。因为 π 介子的内禀宇称值为 −1，所以在衰变成 2 个 π 介子的情况，总宇称是 $(-1)^2=+1$；而衰变成 3 个 π 介子的情况，总宇称是$(-1)^3=-1$。对任何物理现象的解释总是从“瞎子摸象”式的猜测开始的。物理学家们分析，如果宇称是守恒的，那么衰变之前的K介子应该是两种宇称相反的粒子：偶宇称的被称为θ，奇宇称的被称为τ。不过这两种粒子的其他性质，包括自旋、质量、电荷等，几乎完全一样，因此，人们总怀疑它们就是一种粒子。K介子的衰变(β)属于弱相互作用，如果把它们(θ和τ)当成是同一种粒子，就必然要否定宇称守恒，起码要否定弱相互作用中的宇称守恒。

李政道和杨振宁首先深入研究了这个问题，他们查阅了很多有关文献及实验资料，发现在强相互作用及电磁作用中，许多实验结果以很高的精度证明宇称守恒，但对弱相互作用却缺乏强劲的实验证据。并且，在本书一开始提到的1928年R. T. 考克斯(R. T. Cox)等人提交给美国国家科学院的实验报告中，报告了作者们在β射线的双散射实验中观察到极化方向的不对称性，这可算是弱相互作用宇称不守恒的最早实验证据。

1956年6月，李政道与杨振宁在美国《物理评论》上共同发表《弱相互作用中的宇称守恒质疑》的论文[36]，认为基本粒子弱相互作用内存在“不守恒”，宣称θ和τ是两种完全相同的粒子。文章在物理界引起巨大反响，泡利强烈地表示，绝不相信上帝会是个弱左撇子，并准备投入大赌注与人打赌，不过幸亏只是口说无凭，没真正投赌注。费曼也坚信宇称守恒而与人打赌，一年后只好认输付钱，还好赌金只是50美元而已。另外一位著名的物理学家就更有意思了，研究晶体的布洛赫曾经说，如果宇称不守恒，他就把自己的帽子吃掉！后来宇称不守恒被证实之后，布洛赫便要赖皮说自己根本没有帽子。

李政道和杨振宁认识到，要大家承认弱相互作用的宇称不守恒，关键问题是实验。他们设计了几种相关的实验方法，并且自然地想到了他们的华人同胞——实验女王吴健雄。吴健雄与李政道同是哥伦比亚大学物理系的教授，是做β衰变实验的专家，她非常乐意做这个关键性的实验。当时正值1956年圣诞假日的前夕，吴健雄本来要和丈夫袁家骝一起去日内瓦参加一个学术会议，再去远东演讲旅行，并回中国家乡探亲。但她实在不愿放弃这个验证如此重要物理定律的机会，最后决定让丈夫单独去旅行，自己留下进行实验。

1957 年 1 月 15 日，《物理评论》杂志收到了吴健雄等人实验证明宇称不守恒的论文[3]。吴健雄实验的目的是检验钴-60 原子衰变时的物理过程是否具有镜像对称性，如图 5-3-3(a)所示。实验需要在极低温(0.01K)的条件下进行，使用强磁场把钴-60 原子核的自旋方向转向左旋或右旋。图 5-3-3(a)中将右旋原子核的 β 衰变叫作“原来实验”，左旋原子核的 β 衰变叫作“镜像实验”。如果 β 衰变中的宇称守恒的话，预料的 β 射线方向在图中应该向上。

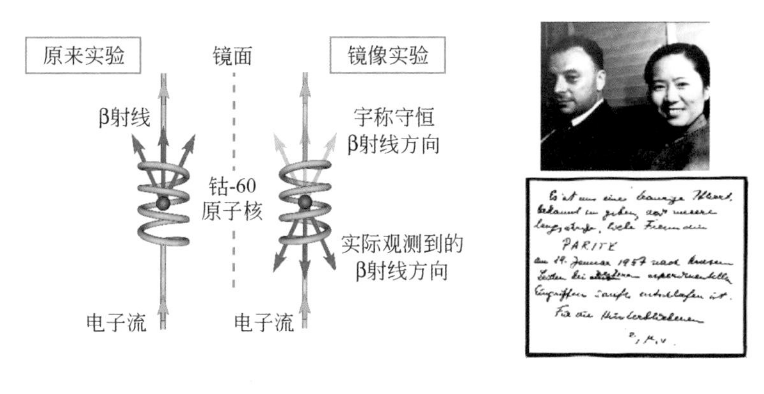

图 5-3-3　吴健雄的实验(a)和泡利宣布宇称女士“不幸逝世”的讣文(b)

在吴健雄的真实实验设计中，“原来”和“镜像”这 2 个实验同时进行，并将宇称守恒预言的两个 β 射线方向左右对称安置。也就是说，如果宇称守恒成立的话，实验结果应该有左右方向相等的角分布，否则便违背了宇称守恒。最后的实验结果显示角分布的明显不对称，因而证实了弱相互作用中的宇称不守恒[37]。

在这件事情上，“上帝鞭子”泡利又演绎出了一段有趣的故事。

泡利是吴健雄的老师加朋友，并且非常赏识吴健雄的才能。吴也曾经自称是“物理巨擘泡利的得意门生”。当泡利得知吴健雄计划进行实验以证实宇称不守恒时，很是为她遗憾，认为这是一个毫无疑问注定要失败的实验，认为那些实验将一定会显示“对称的角分布”。

可惜那个时代没有互联网，信息来得太不及时。就在吴健雄已经宣布了实验结果的两天之后，泡利还蒙在鼓里，给朋友维克罗·韦斯科普夫（Victor Weisskopf）的信中仍然说“不相信上帝是一个弱左撇子”，还写了些准备要用重金打赌之类的话。倒霉的泡利刚发出这封信，就听到了吴健雄实验证实宇称不守恒的消息，这让泡利感到懊恼，立刻想到了他尚未进行的“重金赌注”。不过他暗暗庆幸并没有真赌，并且幽默地对朋友说：“我可输不起钱财，因为我没有，但还输得起名誉，因为我的名誉太多了。”最后，他还给宇称守恒被打破写了几句有趣的讣文[图 5-3-3(b)]。泡利写道：“我们伤心地宣布，我们的朋友宇称女士，在经历了短暂的手术痛苦之后，于 1957 年 1 月 19 日去世了。”讣文的落款是 e、μ、ν，3 个弱相互作用主角的符号：电子、μ 子和中微子。

上帝果然是个弱左撇子，李政道和杨振宁因为打破了这个对称而共同获得 1957 年的诺贝尔物理学奖。这项成就，从发表文章到获奖不过一年左右，在诺贝尔奖的历史上十分少见，这和吴健雄及时的实验证实密切相关。三位杰出的华人物理学家，在科学史上合作谱写出了一段美妙的旋律。

普林斯顿高等研究院院长奥本海默曾经说，当年李政道和杨振宁坐在普林斯顿高等研究院的草地上讨论问题，是一道令人赏心悦目的风景。不过非常令人遗憾的是，之后的 50 多年里，草地依旧，风景却不在了。

4. 俘获上帝粒子

这是瑞士日内瓦西北部的郊区，左边是法国边境处的农田，背景是美丽的日内瓦湖。在这漂亮的建筑、翠绿的草坪之下，你可能很难想象，竟然隐藏着一个巨大的科学工程：欧洲核子中心的大型强子碰撞机（图 5-4-1）。

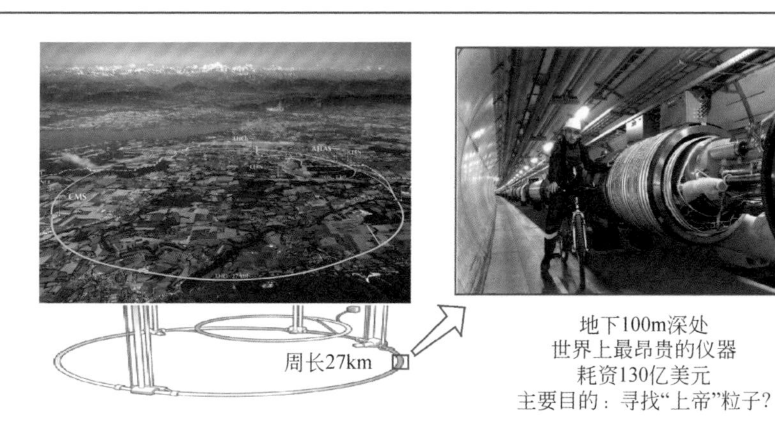

图 5-4-1　欧洲核子中心的大型强子对撞机

欧洲核子中心（European Organization for Nuclear Research，CERN）可以说是世界上科学研究最前沿的地方。20 多年之前，万维网在这里悄然诞生，之后的发展有目共睹。2012 年，这个组织宣告找到了“上帝粒子”的消息震惊了全世界。第二年，CERN 的实验物理学家们基本确认发现了“上帝粒子”（希格斯粒子）之后，诺贝尔委员会将 2013 年的物理学奖授予了与此相关的两位理论物理学家：弗朗索瓦·恩格勒和彼得·希格斯[38]。

大型强子对撞机（large hadron collider，LHC）隐藏在 100m 深的地下，位于一个周长 27km 的巨大的环形隧道内。当年，全世界各国的科学团体联合建造这个世界上最大粒子加速器的主要目的，就是为了寻找希格斯粒子。这是一台世界上最昂贵的仪器，几年来，世界各国合作的总耗资达到 130 亿美元，上万人为此日夜辛勤工作，目的就为了追踪一个平均寿命只有 1.56×10^{-22}s 的小小的基本粒子！

这个不平常的"小东西"不是天外来客，因此与其说是 CERN"发现"了希格斯粒子，还不如说是对撞机"制造"出了希格斯粒子。事实上，科学家们是让 LHC 隧道中的两束质子，以每秒 11 245 圈的速度(接近光速)狂奔后相撞，在极小的空间内爆发出等于 10 万倍太阳温度的超级高温，并释放出大量的能量和粒子，希格斯粒子就有可能产生在其中。不过，质子碰撞产生希格斯粒子的概率很小，每 10^{12} 次的对撞才可能产生一次。并且，希格斯粒子一旦产生后转瞬即逝，在十亿分之一秒的时间内就会衰变成其他的粒子。这就是为什么 LHC 耗资如此巨大，因为要想捕捉到希格斯粒子太不容易了(图 5-4-2)。

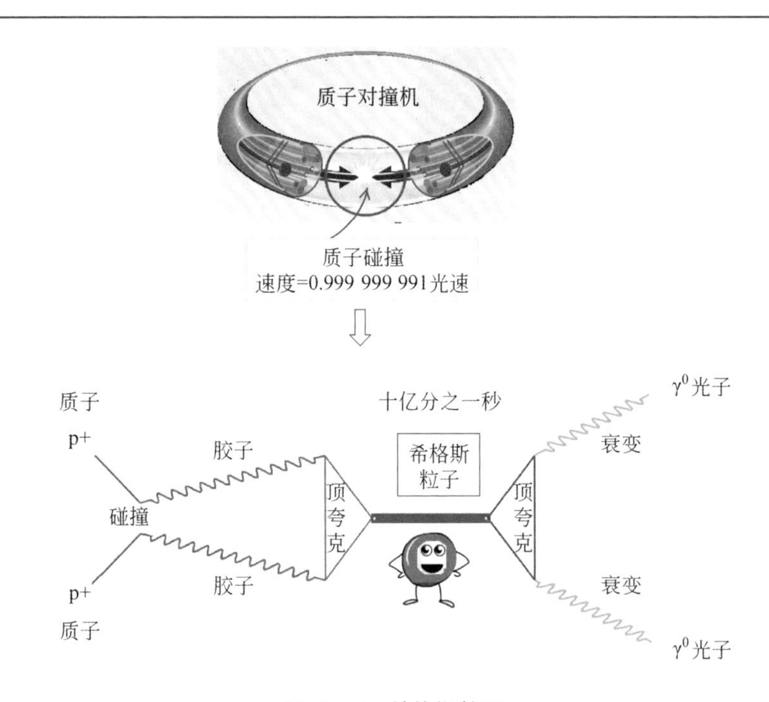

图 5-4-2　希格斯粒子

虽然有人将其称为“上帝粒子”，但希格斯粒子与上帝，或者与上帝的存在与否，丝毫无关。它也不是什么新闻媒体所大肆渲染的世界上一切物质的“质量来源”。说得准确一点，它是为大多数物理学家所认可的“标准模型”理论中其他的基本粒子，提供了一个“质量来源”的机制。

为什么需要为标准模型中的粒子提供“质量来源”？故事得回到杨振宁和米尔斯有关规范场的理论。读者可能还记得当杨振宁在普林斯顿高研院做报告时，泡利提出了有关质量的问题。这个问题当时就给了杨振宁当头一棒，并且也使得规范场论沉寂多年而无法应用。杨-米尔斯规范场论是将电磁相互作用的模式推广到非阿贝尔群。在电磁规范理论中，“光子”作为满足“局域规范不变”的要求而被人为引进，带电荷的粒子通过交换光子而相互作用，因此，人们把光子称为电磁相互作用的“中间玻色子”。除了电磁相互作用之外，还有弱相互作用（或强相互作用，这里只以弱相互作用为例），它是否也可以看成是粒子之间通过交换某种“中间玻色子”而作用的呢？

这种想法和类比如此美妙，使理论物理学家们难以放弃。但是，这其中有一个与质量有关的困难：如果要求被推广的理论满足规范不变的条件，其中引入的“中间玻色子”必须是没有质量的。众所周知，光子没有静止质量，因而它按照狭义相对论允许的最大速度——光速运动，也就是说，规范理论需要的“光子”正好符合规范不变所要求的无质量的条件，也正好符合相对论“光速恒定”的理论和相关实验事实。

但是，如果将这点用于弱相互作用，认为弱相互作用的“中间玻色子”也都没有质量的话，就产生了一系列的问题。我们首先探究一下，质量为零及不为零的粒子有何不同？第一点，质量为0的粒子以光速运动，质量不为0的粒子速度小于光速。第二，对自旋为1的粒子，如果质量不为0时，自旋可取3种数值（1、0、－1）；质量为0时则只有1和－1两个自由度。最后一点，基本粒子的质量是否为0，使其旋转度（左旋或右旋）和手征性的关联有所不同，具体情况比较复杂，在此不予深究。

此外，在4种相互作用力中，引力和电磁力是远程力，强相互作用力和弱相互作用力是近程力。引力和电磁力符合平方反比率，作用的大小随着距离的增大而“与距离平方成反比”地减小。但从理论上说，它们的作用范围是无限的。而强弱两种相互作用力的所谓“近程”，是只在很小的微观世界起作用，远到一定范围之外就没有了。比如说，强相互作用力只在10^{-15}m范围内有作用，弱相互作用力的范围不超过10^{-16}m。物理学家们认为，引力、电磁力及强相互作用力，都由无质量的传播量子传播，但强相互作用力传不远是夸克禁闭所致。对弱相互作用力为“近程力”性质则有另一种解释，普遍观点是认为弱相互作用力的传播量子具有较大的质量。

但是现在如果我们想把弱相互作用嵌入到规范场的理论框架内的话，它的传播量子(中间玻色子)最好没有质量，才能符合规范不变。不仅仅弱相互作用中间玻色子的非零质量惹来麻烦，费米子的非零质量也产生问题。比如说电子，它既参与电磁相互作用，也参与弱相互作用。根据狄拉克的电子理论，电子运动速度小于光速，因而旋转度不固定，其改变的速率与粒子的质量成正比。但是弱相互作用中有一种弱超荷，电子的旋转度不确定性将导致弱超荷不守恒的错误结论。

基本粒子的非零质量给规范理论带来这么多的麻烦，而物理学家又舍不得规范理论的数学美。那么，是否可以首先假设这些粒子没有质量来构造出漂亮的理论，然后，再从规范理论之外去寻找一种方法，给所有的粒子加上它应该有的质量呢？于是，各种方案应运而生，这其中，最简单的、大多数人最喜欢的一种，便是在1964年由三组研究人员独立提出的希格斯机制。

希格斯机制[39-40]最初的思想来自于对超导现象的解释。20世纪50年代，苏联物理学家朗道和金兹堡(Ginzburg)在描述超导时，引进了一个标量场，这个场有不为零的真空值(由于对称性自发破缺)。该场与光子相互作用时，将使得光子带有质量，因此在超导内部的电磁场能量很高，产生超导效应。

希格斯等人将这种让光子产生质量的方法用于粒子物理中，为基本粒子产生质量，谓之“希格斯机制”。朗道等人引入的标量场便类似于现在所说的“希格斯场”。根据量子场论的观点,每种场都对应一种粒子,希格斯场对应希格斯粒子。

并非只有希格斯机制才能为基本粒子赋予质量,所以即使仍然使用规范理论,也不是一定要有希格斯粒子来提供质量,还可以有别的方法。如果再深究一下质量到底是什么,质量如何起源。我们也许未必见得能完美地回答这个问题,但是根据爱因斯坦相对论所得出的质能关系:$E=mc^2$,质量和能量是互相联系的。至少可以说质量的一部分可以来源于能量,这种质量与希格斯粒子没什么关系。

比如说,如图 5-4-3(a)所示,设想一个无质量的盒子,其中充满了不停地从四壁来回反射的光子。光子及盒子都没有静止质量,但是由于光子带有总能量 E,所以整个盒子可以有与能量相对应的 $m=E/c^2$ 的质量。

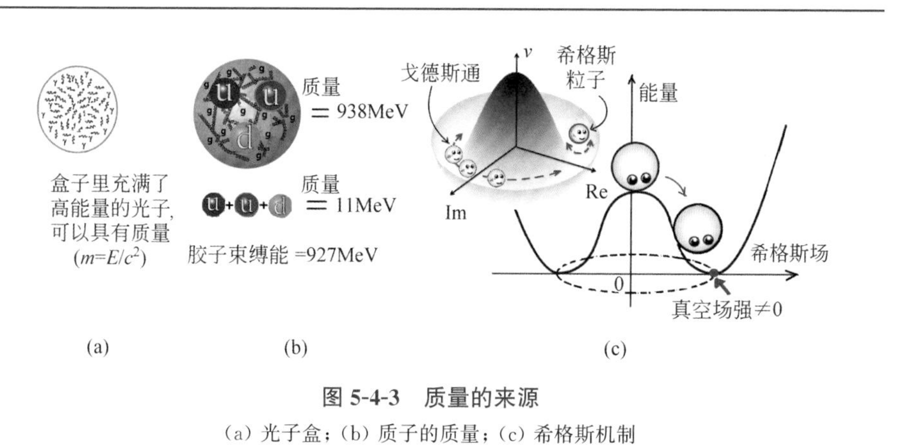

图 5-4-3 质量的来源

(a) 光子盒;(b) 质子的质量;(c) 希格斯机制

实际上,质子质量的绝大部分就是来源于与上述光子盒类似的机制。不过如图 5-4-3(b)所示,质子的静止质量为 938MeV,组成质子的 3 个夸克的总质量仅为 11MeV,剩余的 927MeV 的质量从何而来呢?是来源于强相互作用的传递粒子“胶子”。胶子 g 和光子 γ 一样,没有静止质量,但质子中的许多胶子在一起运动和相互作用,因此而具有的束缚能便是质子中绝大部分质量的来源。

如果空间中存在某种场,场与在其中运动的粒子相互作用,这种作用的结果便有可能改变运动粒子的能量,从而赋予粒子以相应的“质量”,这是希格斯机制能够赋予粒子质量的基本原理。

场的真空态是能量最低的状态。但是一般来说，能量最低的状态对应于场强为零。如果场的势能曲线比较特别，比如经常使用的所谓“墨西哥帽子”的形状[图 5-4-3(c)]。这时，能量最低的状态是无限简并的，即如图 5-4-3(c)所示的墨西哥帽向下凹的一圈。这一圈的能量最低，但场强却不为零。希格斯场的真空态，便可以由这种势能曲线描述的系统产生“对称性自发破缺”而得到，就像图中所画的小球无法停在中间能量较高的不稳定位置，最后朝一边滚下到谷底某一点的情形。因此，真空中存在着场强非零的、稳定的希格斯场。这种场无处不在，质量为零的各种基本粒子身陷其中，与希格斯场相互作用，并且获得它应该具有的质量。

按现代场论的观点，场的激发态便表现为粒子。希格斯场的真空态有 4 种激发模式[图 5-4-3(c)的左上图]，其中沿着势能曲线对称轴绕圈的相位变化模式有 3 种，对应于 3 种质量为零的戈德斯通(Goldstone)粒子，这些粒子在与其他粒子反应时消失不见了，叫作被“吃”掉了，只有一种沿着势能曲线“径向”振动的激发模式对应于有质量的场粒子，也就是被大家称为“上帝粒子”的希格斯粒子。

综上所述，希格斯粒子解决了质量的问题，物理学家们得以在杨-米尔斯规范场的基础上建立理论，将除了引力之外的其他 3 种力，统一在同一个标准模型中。标准模型包括了 61 种基本粒子，而希格斯粒子是这些粒子中最后 1 个被“发现”的。因此，如果能够确定 CERN 的 LHC 探测到的的确是希格斯粒子的话，毫无疑问这是验证标准模型的一个重要的里程碑。

5.
电弱同道

李-杨发现的宇称不守恒并不是孤立的。微观世界中的基本粒子有3个离散的对称方式：反映空间反射的宇称(P)是其中之一；另一个是粒子和反粒子互相对称，被称为电荷共轭(C)；还有一个是被称为时间反演(T)的对称。继这三位华人科学家打破了弱相互作用中的宇称(P)对称性之后，粒子物理学家们很快又发现，电荷共轭(C)及时间反演(T)也不是完全独立的对称守恒量，而只有当C、P、T这三者联合在一起变换，才能保持物理定律的不变，因而称为CPT守恒定理。

也就是说，不仅仅要将左换成右，还得用反粒子代替粒子、颠倒时间的流向，三种变换一起进行才能保证物理过程仍旧遵循同样的物理定律。

1896年，法国物理学家贝克勒发现了铀的放射性，这是物理学史上一次重大的发现。以100多年之后现代物理学的观点来看，仍然可以如此评价，因为它把强相互作用、弱相互作用、电磁相互作用同时展现在人类面前。铀的放射性有3种：α、β、γ。其中α射线是带正电的氦核，涉及核内的强相互作用；β射线是带负电的电子，衰变过程与弱相互作用有关；γ射线是不带电的光子，属于一种高频电磁波。

不过当时，物理学家尚不了解强相互作用和弱相互作用，直到20世纪30年代，美国物理学家恩里科·费米(Enrico Fermi，1901—1954)对弱相互作用研究做出了重要贡献。

费米出生于意大利，是物理学界难得的理论和实验全才。他设计建造了第一座链式裂变核反应堆，被誉为“原子弹之父”；他因为对人工放射性衰变的研究以及对核物理理论的杰出贡献而荣获1938年诺贝尔物理学奖。

费米还是一个杰出的导师，他培育和受其影响的学生中有7位获得诺贝尔物理学奖，包括我们熟知的杨振宁和李政道在内。

4种基本作用中，引力相互作用的强度最弱，只有强相互作用的10^{-39}；弱相互作用的强度大约为强相互作用的10^{-13}；电磁相互作用是强相互作用的1/137。弱相互作用不仅强度弱，并且作用范围很短，是基本作用中力程最短的，在10^{-17}m之后便完全消失了。因此，我们在日常生活中感觉不到弱相互作用。但实际上，弱相互作用不断地在我们的周围发生，与我们的生活密切相关。比如刚才所举放射性的例子，恐怕大多数人都听说过它对人体的种种危害，也听过它在医学研究及疾病治疗方面的许多应用。放射性中的β衰变，就是原子核中的中子因为弱相互作用发射电子和中微子而转变成质子的过程，见图5-5-1(a)。此外，在太阳的热核反应中，由氢产生重氢和氦时，其中也包含了质子转变成中子、放射出正电子和中微子的过程。这也是一种弱相互作用，如图5-5-1(b)所示。

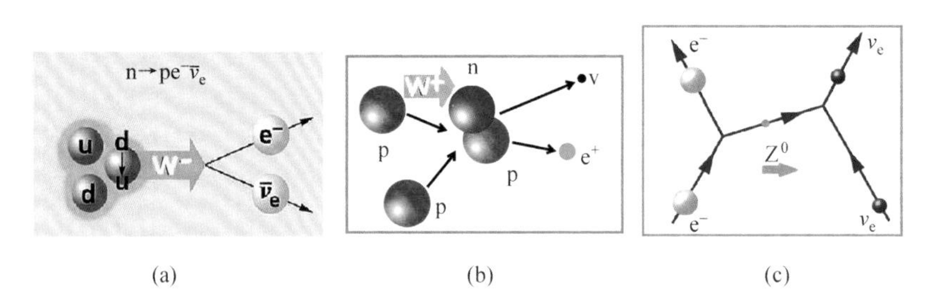

图5-5-1　弱相互作用力通过中间玻色子W^-、W^+、Z^0起作用

(a) β衰变；(b) 恒星中的核聚变；(c) 中性流弱相互作用

因为弱相互作用力的作用范围非常短，所以费米对弱相互作用力的最早描述，使用的是基于4个费米子直接接触而相互作用的一种唯象理论。费米理论在低能极限与实验结果符合得很好，但用于高能情况时不太成功。费米理论预言宇称守恒，显然与实验事实不符。此外，接触作用的模式有其局限性，从现代物理量子场论的观点，无论作用距离多近，都应该用它们之间的场来描述。特别是杨振宁提出杨-米尔斯规范场论，李、杨、吴等证明了弱相互作用的宇称不守恒和CP不守恒之后，物理学家们考虑建立一个基于量子场论的弱相互作用理论。总结起来，弱相互作用是两个费米子之间互相作用而产生另外两个费米子的过程。或者如图 5-5-1 所示，可以将这个过程分成两步：首先，两个费米子通过交换中间玻色子(W^+、W^-、Z^0)相互作用和转变；然后，不稳定的中间玻色子衰变成另外两个费米子。因此，弱相互作用涉及的中间玻色子有 3 种，其中的 W^+ 带一个单位正电，W^- 带负电，Z^0 不带电。根据中间玻色子带电与否，弱相互作用表现为两种形式：载荷流弱相互作用(β 衰变、核聚变)和中性流弱相互作用[通过交换 Z^0 而发生，如图 5-5-1(c)]。

在物理学大统一的路上，量子电动力学可算是一个颇为成功的理论，它的理论形式美妙，能与实验结果精确符合。物理学家们希望能仿照它的理论形式，解决其他相互作用的问题[41]。

美国科学家谢尔顿·李·格拉肖(Sheldon Lee Glashow，1932—　)最早提出用规范场的方法，将电磁相互作用与弱相互作用统一到一个数学框架中[42]。

弱力与电磁力虽然有某些共同点，比如说，电磁相互作用通过交换光子 γ 发生，而在弱相互作用中，费米子互相交换中间玻色子。但两者是完全不同的相互作用形式，并且弱相互作用的强度与电磁相互作用强度相差好几个数量级，如何能够将它们统一起来呢?

然而，物理学家们注意到，两种相互作用的相对强度是随着作用距离的变化而变化的。当粒子之间的距离小于 10^{-17} m(在图 5-5-2 中，表现为能量增加到 10^{12} GeV①)之后，弱力将随着距离的减小而迅速增大，最后将达到可以与同样距离的电磁力相比较的程度。因此，在距离很短时，刚才所说的弱力与电磁力之间强度的差别就不成为问题了。在那种情形下，将弱相互作用与电磁相互作用统一起来，应该是完全可能的。

首先，可以仿照电磁场的规范理论，建立弱相互作用的规范场论。电磁场的规范对称性用 U(1)群表示，现在考察弱相互作用的对称性。弱相互作用总是从一对

① $1\text{GeV}=1.6\times10^{-10}$ J。

费米子产生另一对费米子，仅仅从数学模型的意义上，可以认为一对费米子是某一种（虚假）费米粒子的不同状态。这两个不同状态用不同的“弱同位旋”数值（1/2或－1/2）来表示。因此，弱相互作用的对称性可以类比于电子的自旋，用SU(2)群来描述。SU(2)群有3个生成元，这也与弱相互作用理论假设的3个中间玻色子相符合。

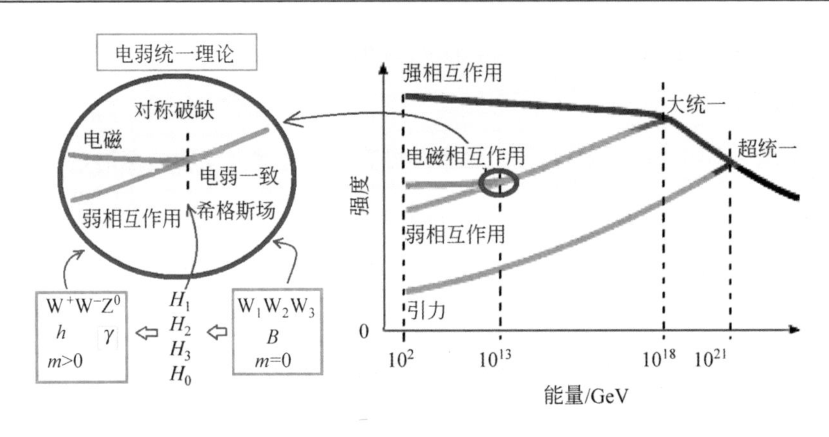

图 5-5-2　电弱在高能（短距离）时统一成一种力

不过，电磁相互作用的U(1)群包容不了参数更多的SU(2)群，仅仅一个SU(2)也没有足够多的自由度来容纳两种作用。因此，我们暂时用两个群的直积将两者从形式上统一在一起：SU(2)×U(1)。

应用杨-米尔斯的规范场论，从(SU(2)×U(1))对称性，可以得到4种规范场粒子：W_1、W_2、W_3和B。为了满足规范不变的要求，这4种粒子应该是没有质量的。但是，根据实验得到的数据，除了电磁场的传播子光子没有质量外，弱相互作用的中间玻色子不但有质量，而且质量的数值还不小，差不多是质子质量的100倍左右。所以，理论接下来的一步，便是如何为这些弱相互作用的中间玻色子提供准确的质量。

当时，除了格拉肖之外，美国科学家史蒂文·温伯格（Steven Weinberg，1933—　）[43]和巴基斯坦科学家阿布杜斯·萨拉姆（Abdus Salam，1926—1996）都在同时进行电弱统一理论的研究[44]。1968年左右，温伯格受到希格斯的一篇文章的启发，他巧妙地将对称性自发破缺的希格斯机制应用到电弱统一理论上，解决了弱相互作用中间玻色子的质量问题。

但温伯格的文章在当时并未受到重视，因为它存在发散，即不可重整化的问题。后来，荷兰的M. 维特曼（M. Veltman，1931—　）教授和他的博士生赫拉尔杜斯·霍夫特（Gerardus't Hooft，1946—　）在1971年证明了规范理论可重整化之后，电弱统一的规范理论才被物理界认定为一个现实可行的理论，格拉肖、温伯格和萨拉姆共同分享了1979年的诺贝尔物理学奖[45]。维特曼和霍夫特之后也于1999年获得诺贝尔物理学奖[46]。

根据电弱统一模型，弱力和电磁力被认为是同一种力的两种表现。在对称破缺之前，即图5-5-2中高于10^{13}GeV时，弱力和电磁力完全不可区分，具有SU(2)×U(1)$_{弱超荷}$的对称性，对应于4个无质量玻色子W_1、W_2、W_3和B。其中SU(2)来自于“弱同位旋”对称性，U(1)$_{弱超荷}$来自于“弱超荷”的对称性。对称尚未破缺时，真空中布满了希格斯场，与4种玻色子相互作用直到“对称性自发破缺”发生。

如图5-5-3所示，对称性自发破缺时，原来电弱统一的[SU(2)×U(1)$_{弱超荷}$]对称性破缺成电磁场的U(1)$_{电磁}$对称性。

对称性自发破缺之前的U(1)$_{弱超荷}$，以及对称性自发破缺之后的U(1)$_{电磁}$，数学上都是U(1)群，但它们的生成元对应于物理意义不同的守恒量。前者的守恒量叫作弱超荷，用Y_M表示，后者守恒量则是电磁相互作用中我们熟知的普通电荷Q。两者的关系为：

$$Q=\frac{Y_M}{2}+T_3 \tag{5-3}$$

式(5-3)中的T_3是与SU(2)对应的弱同位旋T的第3个分量。

图5-5-3形象地表示了电弱相互作用对称性自发破缺的过程。根据戈德斯通定理，每一个连续对称性的破缺都会产生一个戈德斯通粒子，电弱理论中的对称破缺，从4个参数的[SU(2)×U(1)]，到1个参数的U(1)，破缺了3个连续对称性，

因而产生 3 个戈德斯通粒子，图中用 H^+、H^-、H^0 表示。这 3 个无质量粒子被 3 个 W 粒子吸收（吃掉），产生 3 个有质量的弱相互作用中间玻色子：W^+、W^-、Z^0。除此之外，剩下的还有 1 个无质量的光子 γ，以及有质量（不定）的 h 粒子，即通常所说的希格斯粒子。

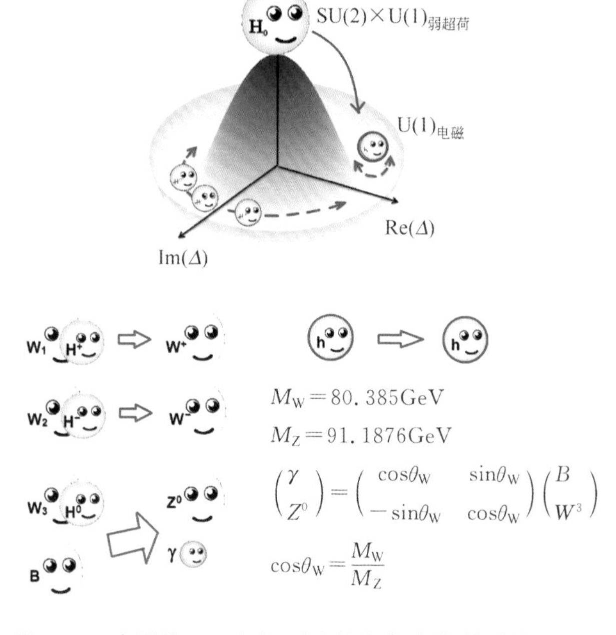

图 5-5-3　电弱统一理论中"对称性自发破缺"的希格斯机制

然而，还有一个与带电的 W 玻色子和电荷为零的 Z 玻色子的质量有关的问题。实验数据表明，这 2 种类别的反应概率相差很大，比如，K^0 介子的衰变率比 K^+ 介子的衰变率要小 9 个数量级。这说明 W 玻色子和 Z 玻色子具有不同的质量。在希格斯机制中，它们质量的差别被如下解释："对称性自发破缺"时，B 粒子和 W_3 粒子以不同的比例混合而产生 Z^0 玻色子和光子 γ。图 5-5-3 中右下角的矩阵公式，说明这种混合可以用温伯格角 θ_W 来表示。温伯格角 θ_W（也叫弱混合角）大约等于 30°。

证实电弱统一理论的第 1 个实验证据，是 1973 年在费米实验室中微子散射实验中发现了中性流的存在。电弱统一理论刚被提出时，尚未在实验中观测到 W 和 Z 玻色子，它们的质量分别为 80GeV 和 91GeV，20 世纪六七十年代的加速器能量大大小于这个数值。之后，1983 年左右，在 CERN 的超级质子同步加速器中发现 W 及 Z 玻色子。2013 年，CERN 确认发现了希格斯粒子。

至此，标准模型暂时告一段落，理论不能说很完美，但终究使人类在揭示自然奥秘的统一路上前进了一步。

6.
夸克世界五彩缤纷

标准模型中，已经将弱相互作用和电磁相互作用用 SU(2)×U(1)的规范场论统一在一起。引力相互作用又弱又顽固，标准模型决定暂时将它抛弃在外，不予理会。而对强相互作用，人们觉得还有点办法对付，尽管尚未将它与电弱统一起来，但起码它能够借助于 SU(3)的规范理论自成一统。类比于量子电动力学，物理学家们将这个建立在夸克模型和规范理论基础上的强相互作用标准模型叫作“量子色动力学”。

事实上，直到 20 世纪 70 年代之前，人们还以为质子和中子是不可分割的“基本”粒子。多个质子和中子紧密聚集在原子核中，互相离得很近几乎靠在一起。质子都是带正电荷，中子不带电。如果仅仅考虑电磁力的话，质子之间在这么近的距离下应该互相排斥，原子核将很快地分崩离析，不可能是如我们所观察到的稳定结构。

那么，为了维持原子核的稳定性，一定存在另一种强大的短距离才起作用的力，将质子和中子紧紧地束缚在一起，这便是强相互作用。后来，盖尔曼提出了夸克模型，唯象地解释了这种相互作用，并将几百种“强子”进行了分类。再后来，质子和质子或电子在高速度下碰撞的实验证明了，质子和中子都是由盖尔曼所预言的夸克构成的。

于是，强相互作用便应该被理解为夸克之间的相互作用。电磁相互作用发生在电荷之间，强相互作用由什么引起呢？类似于电荷，物理学家们赋予夸克“色荷”，强相互作用则发生在“色荷”之间。电荷只有一种，考虑正负时，可算两种。

开始时，物理学家们以为色荷也是如此。但后来，实验确定许多强子是由 3 个夸克组成的，夸克自旋为 1/2，也是费米子。如果色荷只有一种的话，某些情况（例如 Ω-粒子）会违反费米子的泡利不相容原理。于是，南部阳一郎在 1965 年提出夸克具有 3 种"色荷"的设想。按照这种想法，色荷总数有 6 种：红、绿、蓝、反红、反绿、反蓝。虽然将它们称作色荷，以各种颜色冠名，但实际上却只是不同类型强相互作用的一种分类方式，与我们日常所见的光波表现的各种颜色一点关系都没有。无论如何，使用多样化的颜色，让强相互作用及夸克世界相关的直观图像五彩缤纷，也便于人们记忆（图 5-6-1）。

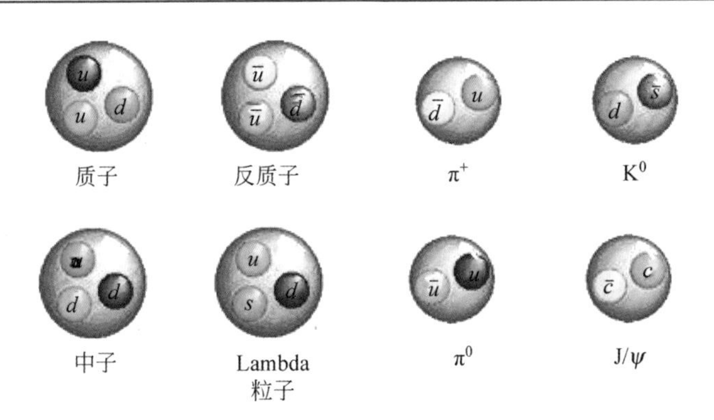

图 5-6-1　各种"颜色"的夸克组成各种外表看起来为"白色的"重子和介子

夸克有质量、电荷、弱荷、色荷，因而可以参与所有 4 种基本相互作用。夸克除了不同颜色之外，还有不同的"味道"，弱相互作用可以改变夸克的味道，因而有时也将夸克参与的电弱量子场论称为"量子味动力学"。强相互作用是发生在"色荷"之间的作用。虽然在夸克的内部世界里，各种颜色五彩缤纷，但人们却从来看不见这各种颜色，人们能够看得见的粒子，都是呈"白色"的，或叫作"无色"的。比如说，3 个不同颜色的夸克在一起组成"白色"的强子，就好像"红、绿、蓝"3 种原色的光混合成白光一样。1 个正夸克和 1 个反夸克的颜色互补（如"红"和"反红"），它们在一起构成的介子也是表现"白色"。

因此，夸克禀性奇特，它们只群居而形成“强子”，从不单独存在。虽然夸克带有分数电荷，但强子的电荷总是整数；虽然夸克带有颜色，但强子却是“无色”。

强相互作用是4种相互作用中最强的，但我们平时却感觉不到它，因为它和弱相互作用一样，都属于短程作用力。它比弱相互作用稍微长一点点，在10^{-15}m的范围内，在它的作用范围以外，强相互作用为零。

我们在“第四篇4.粒子家族大爆炸”一节中介绍过盖尔曼的夸克理论，夸克具有SU(3)对称性，因此，类似于电磁及弱相互作用的SU(2)×U(1)规范场论，量子色动力学应该可以建立在基于SU(3)对称性的规范场论基础之上。如此而建立的规范场论，是非阿贝尔的杨-米尔斯SU(2)规范场论的推广，没有本质上的区别，因而我们不予详细介绍，只给出部分结论。

根据规范场论的局域对称不变性的要求，SU(3)群有8个生成元，因而将为强相互作用引入8个规范场。它们相对应的中间传递子，便称为8个“胶子”。这个名字意味着，强相互作用像“胶”一样把夸克粘在一起！

事实上也是如此，胶子使夸克束缚在一起形成“强子”，强子中的夸克疯狂地交换胶子，产生很大的束缚能量。胶子的静止质量为0，质子质量的绝大部分是来自胶子交换产生的束缚能，只有大约5%是来自夸克静止质量之和。

胶子某些方面有点像光子，它的自旋为1，质量为0，以光速运动。光子是电荷间的传递子，胶子是色荷间的传递子，但胶子与光子有一个根本的不同，光子本身不带电荷，胶子却带有色荷。这就是说，光子只传递电磁力，自己并不参与；而胶子不仅传递强相互作用，自己也参与强相互作用。

虽然夸克和胶子都带“色荷”，但它们组成的“强子”都不带“色荷”，是色中性的。强相互作用有许多有别于其他三种相互作用的独特之处，最重要的两个特点是：夸克禁闭和渐近自由。

夸克总是和别的夸克囚禁在一起而形成色中性的强子，人们从来没有观测到单独的、孤立的夸克，这叫作“夸克禁闭”，就像是几个夸克被关在一个笼子里，如

图 5-6-2 所示。

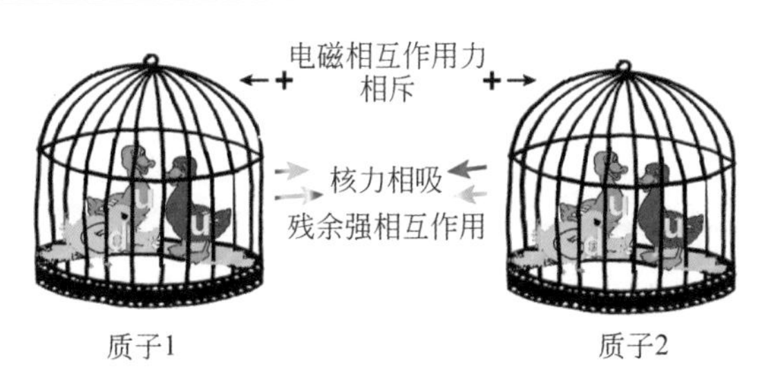

图 5-6-2　渐近自由和夸克禁闭

也许读者会问：既然每个质子、中子或介子看起来都是“色中性”，即白色的，那它们之间又哪来的强相互作用力呢？的确是这样，强子之间的强相互作用力不是直接的强相互作用力，而是一种“残留强相互作用力”，是由于夸克束缚为强子时疯狂交换胶子而形成的强相互作用力的残留量，所以其作用力大小比夸克之间的束缚作用力要小很多，并且直接的强相互作用力不会因距离增加而变小，但残留强相互作用力会随距离的增加而快速减小。正是这种残留强相互作用力，抵消了同种电荷间的电磁斥力而维持了原子核的稳定性。

人们从来没有观察到单独存在的夸克，这一直使物理学家困惑。为什么没有观察到夸克呢？根据夸克模型，质子和中子等由 3 个夸克构成，介子由 2 个夸克构成。在现代的高能加速器中，分裂质子、介子等粒子并不困难，但分裂来分裂去的结果总是得到其他种类的强子，从来得不到单独的夸克。物理上无法得到某粒子的可能性之一是这种粒子“很重”，质量特别大，大到超过我们现有的加速器能够达到的能量极限。夸克显然不属于这种情况，因为它的质量大约只有质子质量的 1%。

夸克不能被“看到”的状况有些类似于想要得到磁单极的努力。众所周知，任何磁铁都包含一个南极和一个北极。如果从中间将磁体一分为二，就会得到两个磁体，每个都有南极和北极，绝不会得到单独的南极或者北极。尽管用我们现有的技术得不到磁单极，但我们大概明白这个现象的原因。那是因为在我们的世界中，存在电荷但不存在磁荷，磁现象是作为描述电荷的运动而引进的。然而，这种说法也难以用来解释夸克的情形。

有趣的是，夸克被三三两两地关在"质子""介子"这种锁得紧紧的笼子里，远处看起来像囚犯一样，但是笼子里的夸克却很自由，像是没有感受到束缚的自由粒子，这就是所谓的"渐近自由"，是指在强相互作用的力程范围之内，夸克受到的力很小，运动自如。因为在力程范围内，强相互作用随距离的增加而增加，随距离的减小而减小。这个特点与通常所见的弹簧类似。弹簧就是拉得越长，回复的力越大，见图 5-6-3。

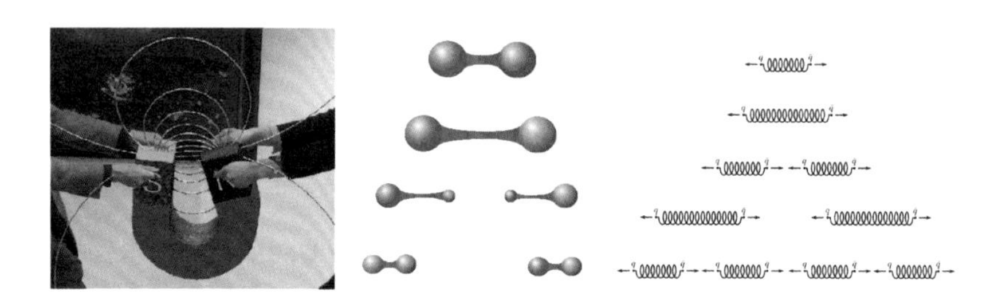

图 5-6-3　磁极、夸克禁闭、弹簧模型

强相互作用"渐近自由"的特性被好几位物理学家发现，但认真进行研究的是 20 世纪 70 年代初的 2 名研究生。一位是哈佛大学的 D. 波利则(D. Politzer)，是盖尔曼的学生的学生。另一位是普林斯顿大学的 F. 维尔切科(F. Wilczek)，他和导师 D. 格罗斯(D. Gross)一起研究这个问题。之后这三位物理学家因为此项研究的成功而共同分享了 2004 年的诺贝尔物理学奖。

实际上，"渐近自由"是杨-米尔斯规范场论的性质，但只在强相互作用中有明显表现。

渐近自由和夸克禁闭，强相互作用的这两种特性在本质上联系在了一起。夸克禁闭及渐近自由可以从图 5-6-3 来定性理解。胶子如弹簧(或橡皮筋)般地将夸克拉住。夸克之间距离越近，弹簧就越松弛，使夸克越自由。而距离一旦变远，便会被弹簧强力拉回。如果有足够大的能量,橡皮筋是可以被拉断的。但是,夸克的情况有所不同,拉断夸克之间的“橡皮筋”所需的能量太大了,远大于制造两个新夸克所需要的能量。我们之前说过,夸克质量大概只有质子质量的 1%,“橡皮筋”(胶子)的束缚能占了质子质量的 90%以上。因此可以说,拉断皮筋所需能量至少是制造新夸克需要能量的好几十倍。结果会怎么样呢?橡皮筋似乎拉断了,但是橡皮筋的末端制造出了两个新的夸克,就像图 5-6-3 所描述的情况。所以我们得到的最终结果并不是单独的夸克和反夸克,而是两个新的强子。

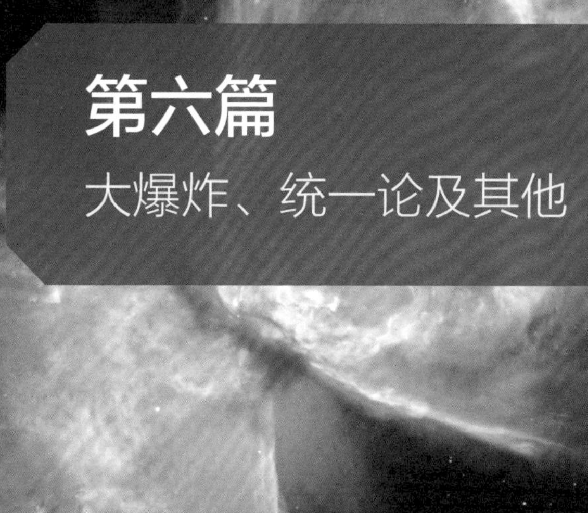

第六篇

大爆炸、统一论及其他

宇宙学家们也不示弱，对应于粒子物理的标准模型，他们建立了宇宙的标准模型，并极力将两种模型结合起来。然而，统一大业或许只是指引科学家们前进的方向。问题不断涌现，理论百花齐放。学者仍需努力，道路仍然漫长……

1.
观察时间的起点

从远古时代起，人类就开始了对天体运行及宇宙起源的探索和思考。无论是西方《旧约》中的上帝创世纪，还是中国神话中的盘古开天地，都将天地宇宙描述成处于永恒的运动和变化之中。既然宇宙并非静止不变，那么它是否有一个起点和终点？它是如何演化成我们现在所观察到的这种形态的？

100多年前，大多数宇宙学家们认为宇宙空间上是均匀而各向同性的，时间上没有开始也没有结束。但是，1929年，天文学家哈勃的观测事实改变了人们的观点，证明我们的宇宙正在膨胀。所有的星系都在远离我们而去，星系和星团间的距离在不断增大。

科学家们根据所观测到的宇宙膨胀数据，认为宇宙起源于大约138亿年之前的一次大爆炸(图6-1-1)，那时候，宇宙中的所有质量都集中在一个几何尺寸很小的“原生原子”上，我们现在所感受到的时间和空间结构，就是从这个“奇点”爆炸而产生的。大爆炸理论并不完善。但它是迄今为止因能够解释更多的天文现象而被物理学家、天文学家普遍接受的宇宙演化理论。

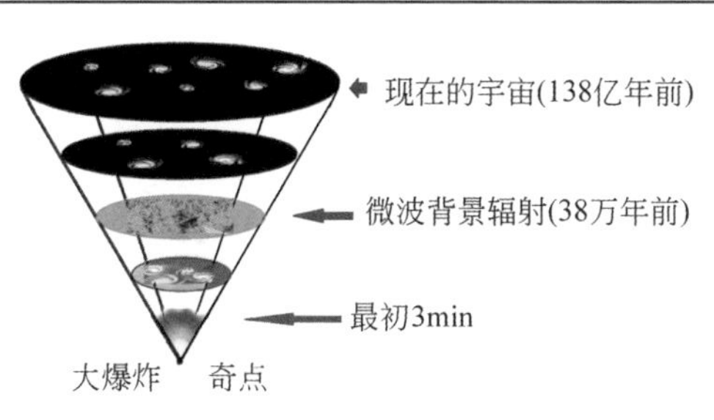

图6-1-1　大爆炸宇宙模型

本书介绍的物理学统一理论，与宇宙学中的“大爆炸”理论又有什么关系呢？两者看起来好像迥然不同，研究对象的尺度更是天壤之别。统一理论研究的大多数是微观世界的规律：量子力学、量子场论和基本粒子、相互作用，是往微观方向深入发展下去。而宇宙学研究的是天文数字级别的星球、星系、宇宙演化等宇观尺度的事物。大爆炸理论也只是一个假说，即使是真实的，也是发生在138亿年之前的事情，和我们现在进行的物理统一理论怎么能联系起来呢？

但出乎人们意料之外，这两件事情的确是紧密相连的。

首先回顾一下我们在介绍电弱统一理论时的图5-5-2。当能量增加到10^{12}GeV之后，即粒子之间的距离小于10^{-17}m时，电磁相互作用力和弱相互作用力表现为同一种力。从图5-5-2进一步可知，如果能量再增加到10^{18}GeV时，强相互作用力也和电弱一致了，三种力实现大统一。如果距离再继续减小，能量继续增加到10^{21}GeV之后，到达量子引力阶段，引力也只好屈服了，四种相互作用成为统一的一种。

可以将我们的“统一之路”用能量级别画出来，如图6-1-2所示。看看统一之路通向何方，我们当前已经走到了什么地方。如图所见，能量越高越走向统一，这也就是人类为什么要花费非常昂贵的经费来建造速度越来越高的加速器，因为那是一条能够带领我们探索自然走向统一的“高能”公路。

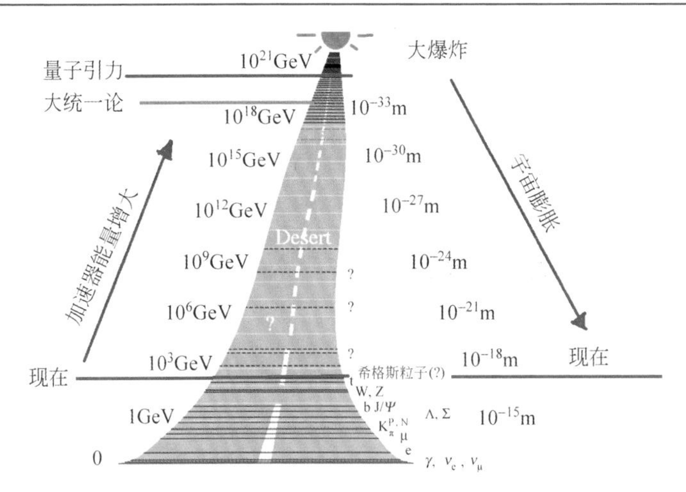

图 6-1-2　物理理论统一的“高能”公路及大爆炸宇宙模型

大自然是如此奇妙，巨大浩渺的宇宙居然是起源于一个小得不能再小的奇点！而现在，理论物理学家们奔向统一的孜孜以求的目标正是指向那个奇点，指向万物之本源——时间的奇点。

从图 6-1-2 中也可以看出，我们的现代加速器技术所具有的能量级别还很低，大约是 10^4 GeV，比发现希格斯粒子的位置稍高一点。图中右下角罗列了一部分目前为止发现的粒子。人类也许自以为发现了很多大自然的奥秘，现代科技如此发达，统一理论应该指日可待了。但看了这张图之后，你可能才恍然大悟，原来我们还差得很远啊！

我们距离大统一理论及量子引力时代，的确还差得很远。并且中间还隔着一段漫长的未知“沙漠”。那沙漠中会有些什么呢？不探索是不知道的，即使有人弄出一个理论，预言了沙漠中的秘密，也仍然需要实验的验证。因此，人类仍然孜孜不倦地思考、工作，提高加速器的能量，发现更多的粒子，探索那一大片新沙漠。

不过，话说回来，没有任何人造的粒子加速器能比得过大自然的力量。我们所追求的目标——能量极大的统一高能公路的终点，实际上就是宇宙之初，时间的起点。根据宇宙学的大爆炸理论，宇宙是由一个密度极大、温度极高的太初状态演变而来的。在大爆炸开始的最初几分钟内，已经生成质子、中子、中微子等，还合成了某些原子核。差不多走到了我们现在高能技术的水平。那么，多研究一些宇宙爆炸早期发生的事情，统一理论将会受益匪浅。因此，有时也将大爆炸理论称为宇宙学中的“标准模型”。

读者可能会想，大爆炸已经发生了 138 亿年之久，我们又如何抓住那遥远过去的大爆炸短短一瞬间呢？我们现在所看到的，是爆炸发生了 138 亿年之后的宇宙啊！

上面的说法不全对，我们现在看到的，只是爆炸发生了 138 亿年之后的宇宙吗？不仅仅是这样。要知道，光线传到地球上，是需要时间的。地球距离太阳是 8min 的光程，即光线从太阳传到地球需要 8min 的时间。也就是说，我们看到的太阳是它 8min 之前的样子。8min 很短，太阳的变化可能不大，但是如果是一个距离我们很远的星系，那就不能小看这个差别了。

太阳系所在的银河系，有一个比它大好几倍的邻居，叫作“仙女星系”。2005年，天文学家测定它到地球的距离大约为250万光年。那就是说，我们观察到这个星系的形态已经是它250万年之前的样子了。换个角度来说，如果在这个星系中有某一个高等生物观察地球的话，他绝对看不见地球上如此发达的文明社会，他观察到的应该是250万年之前的地球。因此，我们观测到的天体越遥远，便越可能窥探到古老的过去。通过观察遥远的星系，我们有可能研究星系，乃至宇宙最早期的形成过程。

此外，大爆炸之后发生的许多现象，也在现在的宇宙中留下一些蛛丝马迹。微波背景辐射就是最典型的例子。物理学家认为，微波背景辐射是大爆炸后38万年左右那段时间遗留下来的辐射热，是来自宇宙初期的“最古老的光”。对这种“背景光”的研究和测量，给予我们很多关于早期宇宙的信息。

近些年被天文学家们观测到并确认存在的暗物质和暗能量使人们困惑，但也是大自然提供给我们的重要信息。对这两类未知事物的探索、研究，直到最后破解，必将使我们在统一的大道上迈进一大步。

2.
世界为什么是这个样子

世界为什么是现在这个样子，而不是别的状态？从物理学的角度思考这个问题，带给我们很多疑问。现代物理理论是建立在对称理论的基础上，比如说，宇宙的早期没有星球，没有原子、分子、电子，整个世界是混沌的一团，现有的 4 种相互作用力也表现为一种统一的形式。也就是说，在大爆炸后的极早期，宇宙是完全对称的，作用力是统一的，之后为什么会分裂成 4 种不同的相互作用呢？

这是因为对称性自发破缺在宇宙演化中扮演了一个重要的角色。

对称破缺是我们现在的宇宙起源和存在的原因。时间和空间、天体、物质、生命、大自然，世界上的一切，都是对称破缺的产物。

如图 6-2-1 所示，大爆炸发生之后，随着温度下降，对称破缺导致引力作用首先分离出来，然后是强相互作用力的分化，剩下了电弱统一。当宇宙继续变冷，电弱统一也开始破缺，形成现在我们熟知的 4 种力。再后来，宇宙开始了大范围的变化，由于对称性自发破缺形成了各种基本粒子，基本粒子又由于各种力的相互作用而结合成更为复杂的原子、分子、星球、星系等，直到产生生命，最终成为了现在所观察到的宇宙图景。

宇宙中正物质和反物质的数量比例是另一个使物理学家们困惑的问题。

自从狄拉克将正电子的假设带进了物理学，人们对物质世界的思考便多了一个方向：反物质和反世界。狄拉克曾经猜测，宇宙中完全有可能存在由反物质组成的星球。

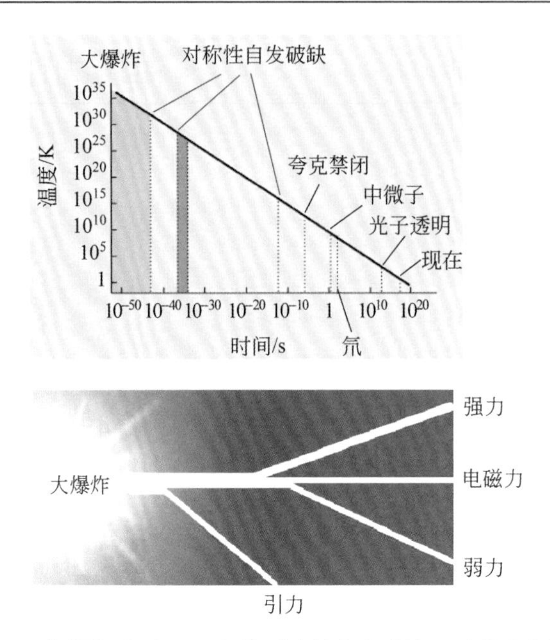

图 6-2-1　大爆炸后，由于不断的对称性自发破缺而形成现在的宇宙

因为正反物质相反而奇特的性质，并且一旦相遇便会两者湮灭并释放出高能光子，由此激发了人们的想象，也给予科幻小说家极大的驰骋空间，诞生的此类科幻文学作品不胜枚举。事实上，科学家们也的确观测到了诸多反粒子存在的证据。安德森于 1932 年证实了正电子的存在；1955 年，赛格雷和张伯伦发现了反质子；第二年，美国物理学家考克发现了反中子。这些反粒子的发现记录使物理学家们渴求发现真正由反粒子构成的反物质——反原子，但从来没有在实验室及天文观测中发现它们的迹象。到了 20 世纪末，有物理学家等不及了，心想，抓不到天外来客没关系，那就人为地制造出反物质来吧。于是，他们在 1995 年，利用欧洲核子中心的反质子环，成功地制备出了 9 个反氢原子。这区区 9 个原子，寿命极短，但当时却让大家兴奋一时。

不过，我们的世界中万事万物都只是由正物质，即我们通常所说的电子、中子、质子、夸克等构成的。在物理学中所做的实验中，正反两种粒子总是成对地产生或湮灭，如果说创世之初，当宇宙开始的时刻，一切都是对称的、中性的话，后来也应该产生等量的物质和反物质。如狄拉克预见的，有可能存在反物质组成的星球。但是，狄拉克这一次的预言落了空。我们放眼望去，一直望到我们能够看到的整个宇宙，也只是看见与我们的世界相类似的“正物质”组成的天体。为什么大爆炸后形成的世界中只有这些正物质而没有反物质呢？成对产生的另一种反粒子到哪儿去了？我们当然并不欢迎它们回来，因为那样会与我们的世界“湮灭”而毁灭一切。但是，科学家们对大自然的好奇心使他们直到现在也总在思考着这个问题。物理学家认为这也是由对称性自发破缺造成的，但这种对称破缺的机制一直是亚原子物理学的一个谜团。2008 年诺贝尔物理学奖得主中的两位日本物理学家小林诚和益川敏英在这个方向上迈出了第一步。

1973 年，29 岁的小林诚和 33 岁的益川敏英提出了“小林-益川理论”，解释宇宙演化过程中正粒子多于反粒子的原因[47]。他们研究了弱相互作用中 CP 对称性的破坏，认为正粒子和反粒子之间除了电荷符号不同之外，还有一些微小的差异，这个微小差异引起 CP 对称性自发破缺，从而使得正粒子和反粒子衰变反应的速率不同，之后造成正粒子数目大大多于反粒子。根据他们的理论，应该存在 6 种夸克，这种对称破缺机制才能起作用，而当时只发现了 3 种夸克，被预言的另外 3 种夸克分别在 1974 年、1977 年、1995 年被发现。

此外，在 2001 年和 2004 年，美国斯坦福实验室和日本高能加速器研究机构分别独立地实现了小林-益川理论所描述的对称性自发破缺机制，这些极为引人瞩目的实验证据让他们获得了 2008 年的诺贝尔物理学奖(图 6-2-2)。

值得注意的一点是，当初小林诚和益川敏英的论文，是发表在一个日本的物理专业杂志《理论物理进展》上。虽然当时用的是英语，但好几年都无人问津，幸好后来有人将此文介绍到物理界的主流社会，方才被大多数物理学家引用和知晓，并最后赢得了诺贝尔物理学奖。

对称性自发破缺的概念好像变成了一剂灵丹妙药，什么都用它来解释。除了解释宇宙中正反物质的比例，以及 4 种相互作用分离的现实之外，对标准模型的发展也有很大贡献。在它的基础上产生了希格斯机制，解决了弱力电磁力统一的模型。

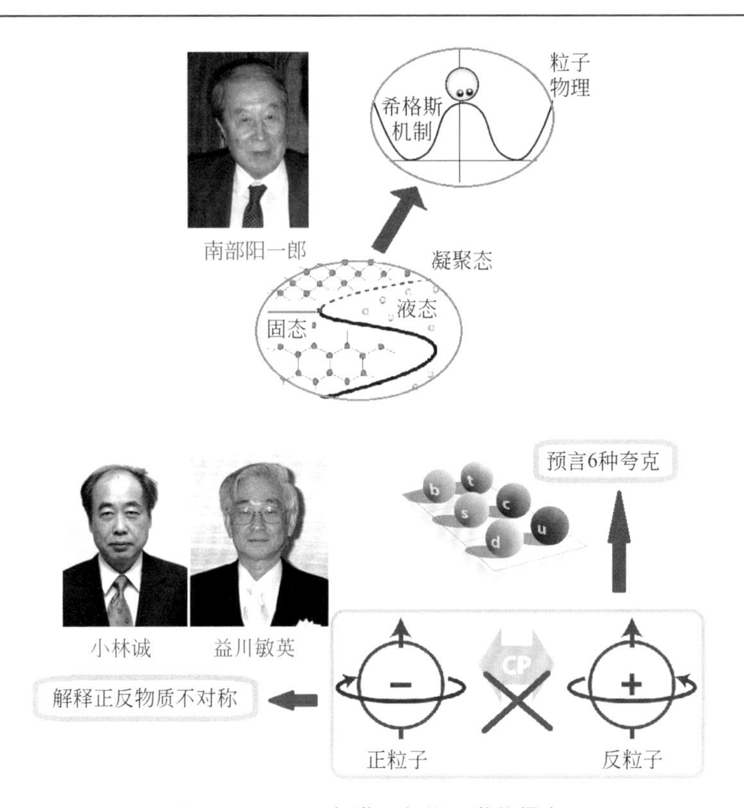

图 6-2-2　2008 年诺贝尔物理学奖得主

不过，对称性自发破缺的更深层原因并不清楚，只能算是对观测事实的一种诠释。比如说，用小林诚和益川敏英的理论，只能解释宇宙中正反物质不对称比例的百亿分之一，令人很不满意，寻找世界形成、演化成如今这个模样的更完善的理论，一直是粒子物理学和宇宙学的重要课题。

3.
暗物质和暗能量的启示

科学家们探索统一之路、万物之本，提出了许多假说，建立了多种模型。从古希腊到现代，从原子实心小球到电子云，从粒子动物园到夸克模型，从元素周期表到基本粒子表……物理学家们忙乎了一大阵子后才发现，原来我们所研究、分类的所谓"物质"，只占宇宙中所有物质成分的5%都不到。那么其余的95%是什么呢？是我们看不见、摸不着的"暗货"，科学家们将它们称作"暗物质和暗能量"（图6-3-1）。

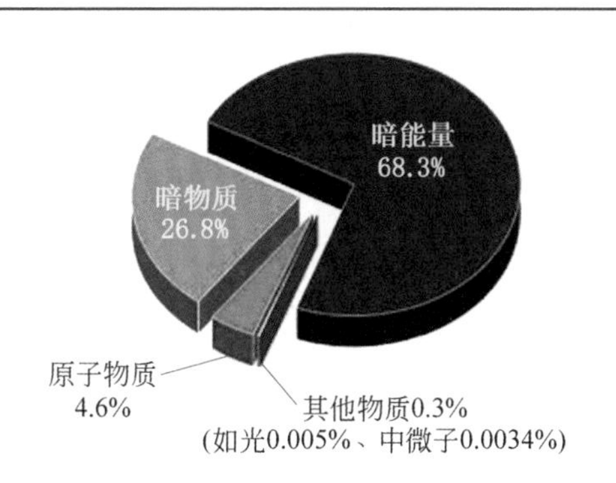

图6-3-1　宇宙中各种物质成分所占的百分比

几十年前，宇宙学家们通过天文观测和理论研究发现，宇宙中除了普通物质之外还存在着一种看不见的物质。科学家们之所以将其称为"暗物质"，就是因为看不见它们。它们不像普通物质那样能够对光波或者电磁波有所反应。我们平时所见的普通物质，无论藏身何处，灯光一照便现出原形。即使是普通的灯光照不见，人类还有紫外线、红外线、X射线、伽马射线和各种频率的无线电波等种种探测手段。但是，现在发现的暗物质似乎对这些"光"都是无动于衷。

暗物质的说法并非现在才有，最新的观测数据只是再次证实它们的存在。实际上，早在1932年，暗物质就由荷兰天文学家扬·奥尔特提出来了。著名天文学家兹威基在1933年也在他对星系团的研究中，推论出暗物质的存在。

弗里茨·兹威基(Fritz Zwicky,1898—1974)是一直在加州理工学院工作的瑞士天文学家，他对超新星及星系团等方面做出了杰出的贡献。兹威基对搜捕超新星情有独钟，他是个人发现超新星的冠军，进行了长达52年的追寻，总共发现了120颗超新星。兹威基在推算星系团的平均质量时，发现获得的数值远远大于从光度得到的数值，有时相差上百倍。因而，他推断星系团中的绝大部分的物质是看不见的，也就是如今所说的"暗物质"。

暗物质存在的最有力证据是由一位美国女天文学家观测星系时发现的"星系自转问题"。薇拉·鲁宾(Vera Rubin,1928—2016)研究星系自转速度曲线时发现，星系中远处恒星具有的速度要比理论预期值大很多。恒星的速度越大，拉住它所需要的引力就越大，这更大的引力是从哪儿来的呢？实际上这份额外的引力就是来自于星系中的暗物质。

暗物质既然不能被看见，也不带电荷和电磁效应，科学家们又如何知道它们确实存在呢？那是因为它们仍然具有"引力"作用，上述的"星系自转问题"便是由暗物质的引力效应引起的。并且，暗物质的引力作用也符合广义相对论，能造成时空的弯曲。光线透过弯曲的时空而偏转，类似于光线在透镜中的"折射"。根据这个原理，爱因斯坦最先提出了"引力透镜"的设想。可想而知，暗物质是引力透镜最好的实现媒介。较为均匀地散开在星系中的暗物质形成的透镜，肯定要比密集的星体形成的透镜"质量"好得多(图6-3-2)。兹威基在1937年就指出，有暗物质的星系团可以作为重力透镜。不过，直到1979年，这种效应才得到证实。

天文学家在研究我们所在的银河系时，也发现它的外部区域存在暗物质。银河系的形状像一个大圆盘，其大小约为10万光年。根据引力理论，靠近星系中心的恒星，应该移动得比边缘的星体更快。然而，天文学家们从测量中发现，无论位于内部还是边缘，所有恒星以大约相同的速度绕着星系中心旋转。这表明，银河系

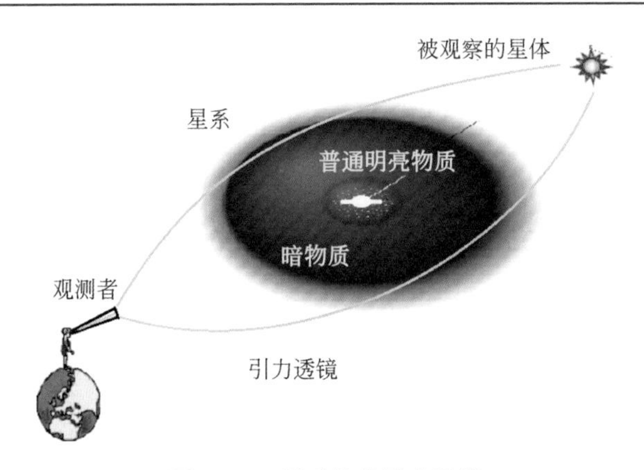

图 6-3-2　星系作为引力透镜

的外盘存在大量的暗物质，这些暗物质像一个巨大的“暗环”围绕着银河系，其半径可能是明亮圆盘光环的 10 倍。

有的读者可能会说：就算你刚才说的天文观测资料证实了宇宙中除了看得见的星体之外，还有暗物质，你又怎么能够知道暗物质有多少呢？图 6-3-1 中各种成分的比例是“普朗克”卫星公布的资料，那么“普朗克”卫星是如何得到这些数值的？

这确实是一个有意思的问题。想想平时是如何得到各种物质材料质量之比的，我们使用的是天平或者“秤”。可是，“普朗克”卫星又不能把天体拿到“秤”上去称，它报告的物质比例从何而来呢？

在天文学中估算天体质量时，人们利用的是在引力理论基础上建立的各种数学模型，无论是行星、恒星、星系，还是各种天文现象，都有其相应的数学模型。这些模型，便是“称量”宇宙的秤。数学模型中有许多未知的参数，需要由天文观测的数据来决定。“普朗克”卫星主要是通过测量微波背景辐射中的细微部分来获得这些参数，然后研究人员将这些数据送入计算机，解出数学模型，最后得到各种成分的比例。

这是一个相当复杂的过程，包括了很多物理理论、数学知识、计算技术、工程设计等方面的知识。就物理概念的大框架来说，科学家们大概用如下方法估计这个比例。

以刚才说到的银河系为例，从观测到它的恒星旋转速度与引力理论计算之差距，还有以银河系作为引力透镜的效果，可以计算银河系中暗物质相对于正常物质的比值。而“整个宇宙”（注：这里和本书中，皆指整个“可见”宇宙）可能含有1750亿个星系，每个都有数千亿颗恒星、行星、卫星尘埃、暗物质等。“普朗克”卫星巡视宇宙中所有的星系后，可以估计出宇宙中暗物质相对于正常物质的比值。天文学家早就知道如何估计宇宙中正常星体的总质量，现在，从“明暗”物质的比例便能算出宇宙中暗物质的总质量。不过，我们暂且将这两个数值放在一边，因为还有两个与宇宙总质量有关的观测事实，我们必须考虑。一个是宇宙一直在膨胀并且加速膨胀的事实。从膨胀的速度和加速度，可以估计出宇宙的总质量。不同模型有不同的公式，但大同小异，在此不予详细介绍。另一个是有关宇宙的整体平坦性。根据广义相对论的结论，在大质量天体附近，时空是弯曲的，我们观测到光线偏转、引力产生的进动、谱线红移等事实，毫无疑问地验证了爱因斯坦的结论。广义相对论的应用可以扩大到整个宇宙，即研究宇宙的大尺度结构和形态，用来估算宇宙作为一个整体的曲率和形状：宇宙是开的，还是闭的？是像球面、马鞍面，还是更像平面？这个理论涉及一个“临界质量”。如果宇宙的总质量大于临界质量，比较大的引力效应使得宇宙的整体形状成为球面；如果宇宙的总质量小于临界质量，引力效应更弱一些，宇宙的整体形状是马鞍面；宇宙的总质量等于临界质量则对应于平坦的宇宙。

根据天文观测得到的宇宙学资料，宇宙在大尺度范围内是平坦的，说明宇宙的总质量大约等于临界质量。

但是，从宇宙加速膨胀得到的宇宙总质量，或者考虑平坦宇宙应该具有的临界质量，都大大超过观测所估计的“明物质”加“暗物质”之总和。

物理学家提出的“暗能量”，便是为了解释这个宇宙组成中所缺失的大部分。如此便有了图6-3-1中所画的比例。图中所示的比例成分，是2003年“威尔金森微波各向异性探测器”（Wilkinson microwave anisotropy probe，WMAP）卫星给出的结果。2013年，“普朗克”卫星给出的数据是68.3%的暗能量、26.8%的暗物质，以及4.9%的通常物质。

既然提出暗能量的假说，那么至少总要根据理论的需要描述一下它是个什么东西吧。暗能量像是存在于宇宙中的一种均匀的背景，在宇宙大范围中起斥力作用，加速宇宙的膨胀，但是又不能严格地说它是一种斥力，因此只能称其为能量。天文学家用暗能量来解释宇宙加速膨胀及宇宙整体平坦的观测事实。而暗能量作为一种物理实在，其本质又如何解释呢？对此又有两种说法：一是认为其是弥漫于宇宙中的某种标量场，二是认为它类似某种“真空能”，真空不空，且具有能量，但人们很难探测到它的存在。第二种说法实际上与爱因斯坦在引力场方程中引入的“宇宙常数”有关。爱因斯坦提出广义相对论时，物理界普遍认为宇宙是整体静态的，即既不膨胀也不收缩。因此，爱因斯坦在方程中加上了“宇宙常数”一项，其目的是用以维持一个静止宇宙的图景。但事实上，由此常数的不同数值，可以控制宇宙的演化情形。

之后，哈勃证实了宇宙不是静止的，而是在不断膨胀。爱因斯坦还曾经为引入了那个宇宙常数懊恼不已，要将“宇宙常数”收回去，认为是自己所犯的“最大的错误”。再后来，在爱因斯坦早已去世的1998年，天文学家又证实了宇宙不但在膨胀，还是加速膨胀。为了解释加速膨胀和暗能量，天文学家和物理学家又把爱因斯坦丢弃的宇宙常数，当宝贝一样捡了回来。不知道如果爱因斯坦的在天之灵听到这个意外的消息，将作何表情？

因为都是“暗货”，人们经常将暗物质和暗能量混淆。并且，根据爱因斯坦的质能关系式：$E=mc^2$，质量和能量可以看作是物质同一属性的两个方面，那么为什么还要将两种暗货区别开来呢？其中原因很难说清，基本上还是我们尚未明白它们到底是什么。

这两种“暗货”在宇宙中的具体表现大不相同。也就是说，暗物质和暗能量这两个概念在本质上有所区别。虽然它们也许有关系，但有什么关系没人知道。人们知道更多的是两者的不同。暗物质吸引，暗能量排斥。暗物质的引力作用与一般普通物质之间的引力一样，使得它们彼此向内拉，而暗能量却推动天体互相向外分离。暗物质的影响表现于个别星系，而暗能量仅仅在宇宙尺度起作用。可以如此总结宇宙不同成分的作用：宇宙由明物质和暗物质组成，并因暗能量而彼此分开。

宇宙中各种成分的比例并非一成不变的。除了因为不同地点、不同卫星、不同年代，提供不同数据而算出不同比值的人为差距之外，理论模型还预言该比值在大时间范围内的变化，如图6-3-3所示。

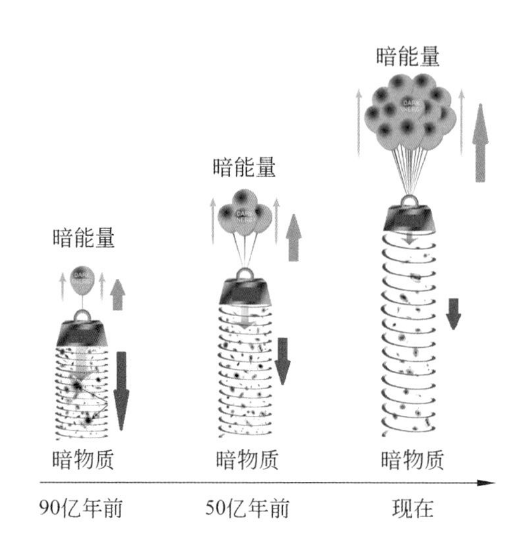

图 6-3-3　暗物质和暗能量的“拉锯战”

图6-3-3中可见，暗质量增加宇宙中的质量，使得天体互相拉近，图中将它们的作用比喻为向下拉的弹簧。而暗能量在图中被比喻为升空的气球，欲将控制宇宙大小之“弹簧”拉长，使得其间天体互相分离。这两种作用不停地进行这种“拉锯战”。图6-3-3还分别形象地表示出了90亿年前、50亿年前，以及现在的宇宙大小及两种作用的大小。

尽管已经有越来越多的证据显示暗物质和暗能量的存在，但这些“证据”毕竟是间接的。因此，近年来科学家们一直在努力改进实验和观测手段，试图“捕获”这些暗货，但迄今尚未成功。理论学家们也在努力建立其他的模型来解释它们。真正有这些我们完全不了解的物质存在吗？宇宙加速膨胀真的来自于暗能量这种额外力量的推动吗？会不会是观测结果不够准确呢？或许是作为宇宙学基础的广义相对论有某种根本性的问题？

2015年年初，暗货领域又传来了与我们过去认识有所不同的新消息：暗货添加了新内容！除了暗物质和暗能量之外，可能还有一种未知的暗相互作用，由某种“暗光子”传递？如此推论下去，也许暗物质是由数种粒子组成的，它们会相互作用，组成暗原子、暗分子甚至暗星系，构成一个“暗世界”？

有关暗能量和暗物质，还有很多未解之谜，对它们的探索和物理解释是对21世纪理论物理学最严峻的挑战！

4.
群星灿烂

近代物理理论中有3个最重要的常数：光速 c、普朗克常数 h、引力常数 G。物理学家以它们为基础，分别建立了相对论、量子力学和引力理论。

常数本来是不会改变的，但可以认为它们在相对的意义上变化，从而将各种不同的物理理论互相当作某个常数相对变化而趋近的极限。比如说，在狭义相对论中，将光速 c 作为信息传递的最大速度，因而避免了超距作用。而牛顿力学中则隐含着“超距”，即信息传递不需要时间，相当于传递速度等于无穷。因而，经典力学可以被看成是光速 c 趋于无穷时狭义相对论的极限。类似地，普朗克常数 h 是建立量子力学时被引入的，与微观世界中能量是“一份一份”的规律有关，对于经典时能量连续的情况，相当于普朗克常数 h 趋于零的极限。此外，在任何理论中，如果暂时不考虑引力效应，就意味着将引力常数 G 取值为零，或趋于零时的极限。

根据上述想法，我们可以将近代物理学中的各种理论，画到一个三维的立方块上，如图 6-4-1(a)所示。这样一来，各个理论模型及它们之间的关系一目了然。

这个三维立方块被称为博隆斯坦立方体(Bronstein cube)，以一位苏联的年轻理论物理学家博隆斯坦(Bronstein，1906—1938)命名。即使是学物理的，也很少有人知道博隆斯坦这个名字，但一提到苏联物理学家朗道就不一样了。实际上，当时的博隆斯坦是朗道的亲密朋友加合作者。博隆斯坦实际上是量子引力的先驱者，从他发起这方面的研究开始，至今 80 多年过去了，这仍然是物理学中的一个尚未解决的难题(图 6-4-2)。

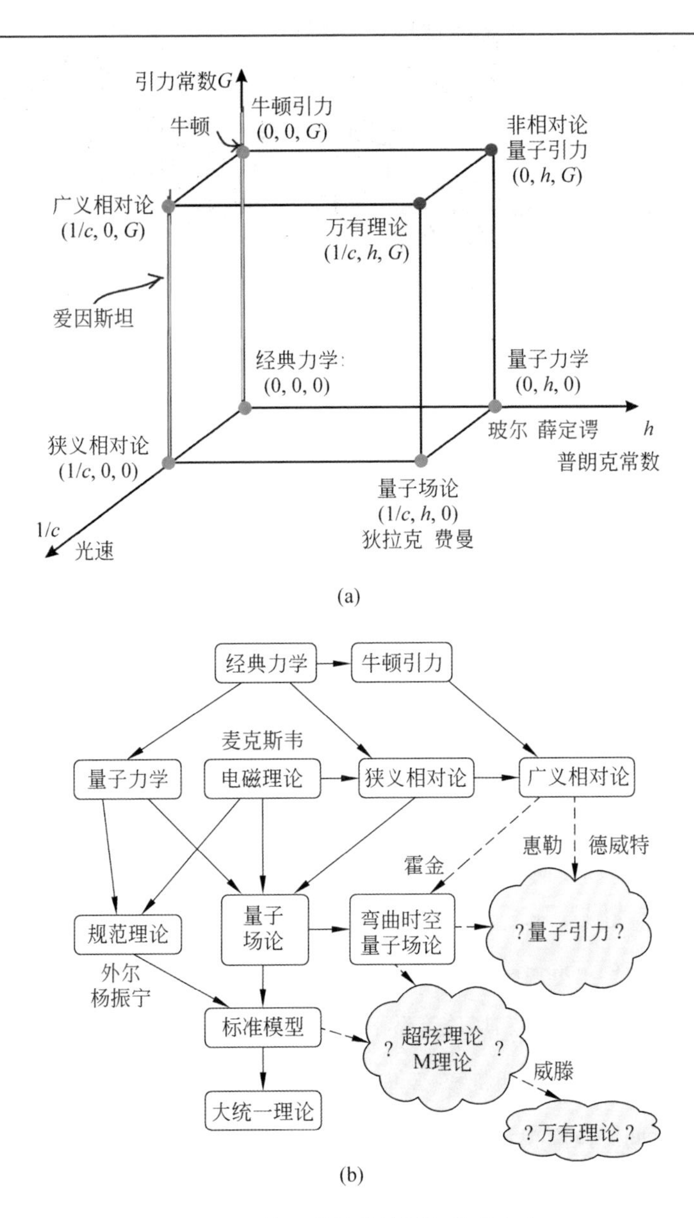

图 6-4-1 统一理论的模型和代表人物

(a) 统一理论的三维立方块；(b) 从牛顿力学到万有理论

(a)

(b)

图 6-4-2 博隆斯坦(a)；从左到右：朗道、玻尔、罗森菲尔德、博隆斯坦，1934 年在一次理论物理讨论会上(b)

物理理论的分类方块是博隆斯坦首创的，但将经典牛顿理论当作几个物理参数之极限的想法却是来自于朗道等几位苏联科学家年轻时候的一段趣事。

20 世纪 20 年代，风景优美的列宁格勒大学物理学院的校园中，活跃着一批年轻的理论物理学研究生，他们经常在一起讨论量子力学、切磋相对论，为物理中诞生不久的两大革命而欢欣鼓舞、激动万分。其中就包括博隆斯坦和他的朋友们。

当时尤其活跃的是被人称为“三剑客”的朗道、伽莫夫和伊凡宁柯。这三个人后来都在理论物理研究中有所成就：朗道是诺贝尔物理学奖得主；伽莫夫被公认是诺贝尔奖的“遗漏者”之一，他提出了量子隧道效应，是大爆炸理论的创始人；迪米特里·伊凡宁柯(Dimitri lwanenleo，1904—1994)则任教于莫斯科大学 50 年，对原子核的质子—中子模型和场论等做出了不凡的贡献。

三位年轻的“剑客”聪明机智、风华正茂。颇为有趣的是，据说三人还曾经共同喜欢和追求过同一位漂亮女孩。为了取悦她而合作发表了一篇只有短短三页纸的物理论文[48]。正是这篇文章，考察了物理学中上述几个基本的普适常数和相互转换。博隆斯坦的物理分类方块便是基于此文。

在图 6-4-1(a)中，将光速的倒数($1/c$)、普朗克常数 h、引力常数 G，分别作为三维图中的 x、y、z 坐标，这样便能得到 1 个单位立方体。立方体的 8 个顶点对应于

$1/c$、h、G 分别取零和单位值时候对应的不同理论模型。比如说：最简单的情况(0,0,0)是不考虑引力的经典力学；$(1/c,0,0)$、$(0,h,0)$、$(0,0,G)$，3 个方向上则分别建立了狭义相对论、量子力学、牛顿引力。如果既有 $1/c$，又有 G，相当于狭义相对论+引力，得到广义相对论。如果既有 h，又有 G，相当于"量子力学+引力"，等于非相对论量子引力。如果既有 $1/c$，又有 h，相当于量子力学+狭义相对论，等于相对论量子力学。如果 3 个常数全都考虑，就是我们尚未达到的目标，最后的统一理论：万有理论。

在图 6-4-1 中，当 $h=0$，$c=\infty$ 的情况，对应于牛顿力学及牛顿的万有引力。从牛顿理论出发，如果考虑 c 为有限值的情形，便分别是两个相对论。立方体的左上角两个红点所对应的，则是尚未解决的引力加量子的情况。

尽管爱因斯坦为其统一梦奋斗了几十年没有获得成功，但这个大统一之梦已经深深扎根在理论物理学家们的心中，一直是理论物理学研究的中心问题之一。伟人已经仙逝多年，他是否后继有人呢？

图 6-4-1 中，列出了各个物理理论及其主要代表人物。从图中可见，统一路上群星灿烂，除了本书前面章节中已经介绍过的物理学家之外，还有不少物理学家在引力量子化及万有理论的研究中做了不少工作，有的人甚至倾注了毕生的心血，但始终未能攻克这个最后的堡垒。

5.
顽固的引力

大多数物理学家都和爱因斯坦一样，小看了引力的顽固本性。在 20 世纪 50 年代或更早期，广义相对论[49]因为与黎曼几何关系密切，研究人员中数学家居多，倒有点像是数学的 1 个分支。

之后，约翰·惠勒和他的学生们创造出了许多直观而又极富想象力的名词：诸如黑洞、虫洞、蛀孔、引力奇点、量子泡沫等，如此才激起了物理学界对引力理论的兴趣。20 世纪 60 年代至 70 年代，是广义相对论的黄金时代。这个用弯曲的时空来解读引力的新奇理论，不断得到实验和天文观测的证实。因而在当时，既吸引了众多年轻学子奔向理论物理的大门，也激发了公众及媒体对它的关注和好奇。广义相对论名声大噪，科学幻想作品中也充满了穿越时空、经历过去、拥抱未来、宇宙大爆炸等名词和奇思异想。人们虽然不一定能真正明白其中的科学含义，但却为此而欢呼雀跃。

与此同时，在学术殿堂内，引力理论的研究也开始进入理论物理学的主流。宇宙学的研究与理论物理紧密结合，大爆炸学说开始确立。

80 年代初期，奥斯汀得克萨斯大学物理系的相对论中心，荟萃了研究量子引力的好几位大师级人物，其中有：费曼的老师惠勒，引力量子化的奠基人布莱斯·德威特(Bryce DeWitt，1923—2004)，霍金的博士指导教授丹尼斯·夏玛。此外还有年轻一辈的菲利普·坎德拉斯(Philip Candelas)和理查德·马茨纳(Richard Matzner)等。

惠勒于 1977 年从普林斯顿大学来到得州大学任教。大约就是从那时候开始，他的兴趣从物理学逐渐转向哲学。

有些人将布莱斯·德威特誉为“量子引力之父”。他是早期移民美国的犹太人后代，对量子场论也有所贡献：例如在研究使用路径积分的方法将规范场量子化时提出的“鬼场”的概念，为量子场论提供了一种很重要的数学方法。布莱斯从1948年在哈佛大学攻读博士学位开始，论文课题就是量子引力方面的工作，一直到2004年去世，在50多年中的奋斗目标始终是将量子和引力统一起来，但最终未修成正果。

那时候的得州大学相对论中心，还有英国物理学家丹尼斯·夏玛（Dennis Sciama，1926—1999），他是史提芬·霍金的老师，是天体物理和宇宙学方面的专家。夏玛从1978年到1983年，每年有一半的时间待在奥斯汀。当时，他和他的一个学生艾德里安·梅洛特（Adrian Mellot），对暗物质的研究特别感兴趣。

引力在4种相互作用中强度最弱，但涉及的物质范围最广，凡具有质量的物体之间便有引力存在，连暗物质和暗能量也不例外，但其秘密为何如此难以破解？也许归根结底是因为它和难以理解的时空概念联系在一起。爱因斯坦的两个相对论驱动我们探索时空的秘密，揭开了时空神秘面纱的一角。它认为时空不是孤立和绝对的，而是物质存在的形式。大爆炸的宇宙模型更是使得“时间”的固有观念彻底崩溃。因为在大爆炸之前，无所谓“之前”，在坍缩之后，无所谓“之后”。可是时空本身到底以什么形式展现，如何确切地描述却仍然是一个待解之谜，也许这个古老的问题永远也不会有最后的确切答案。

广义相对论与量子理论似乎水火不容，难以统一。致力于统一这二者的物理学家们，早早地就分成了两派。基本上可以把他们归结为：试图从广义相对论出发来统一量子的一派，如惠勒等的《引力》一书是其代表；试图从量子出发，再加上引力的另一派，有温伯格的《引力和宇宙学》一书做代表。前者扩展了广义相对论“背景独立”的思想，因为根据广义相对论，引力背景本来就是从场方程中解出来的，并没有预先设定的固定时空作为背景，这一派之后发展成为圈量子引力理论。从量子场论出发的引力量子化则很难做到“背景独立”，因为从历史角度看，量子力学的方程，无论是薛定谔方程或狄拉克方程，都是在一个固定的“时空背景”框架下建立的，其解依赖于这个背景，这一派最后发展成弦论、超弦、M理论。后一派是基于量子场论，由于量子电动力学、量子色动力学以及标准模型等理论的成功，弦论派自然而然人多势众、雄心勃勃，其理想、目标和影响都要比圈量子引力派高出一筹。目前的大多数物理学家，也将其视为最有希望作为“万有理论”之候选者的物理理论。至于这个终极理论是否真的存在，那就可能是属于哲学范畴的问题了。并且，这个问题的最后答案是什么，也许只有时间才能告诉我们。

6. 轮椅上的奇迹

1963年,21岁的史蒂芬·威廉·霍金(Stephen William Hawking,1942—2018)还只是剑桥大学一个学生,却被医生宣判只有两年的生命了,因为他患上了一种罕见而致命的肌肉萎缩症。但霍金不愿屈服于命运的安排,要向医生的论断挑战,他又顽强地在轮椅上多活了50多年。在这50多年里,霍金创造了一个又一个理论物理的奇迹。他不仅活了很久,还活得很精彩。他克服了全身瘫痪、完全不能发声等一般人难以想象的困难,成为了黑洞研究领域及宇宙学方面的带头人。

霍金年轻时就对黑洞的经典引力理论感兴趣。1971年,他发表了有关黑洞的3篇重要论文,第一篇是研究大爆炸早期形成的"原生黑洞";第二篇证明了黑洞的"无毛定理",意思是说,无论黑洞是如何形成的,它只具有3种属性:质量、角动量、电荷;第三篇指出:黑洞的事件视界表面面积永远不会减少,被称为"黑洞热力学第二定律"。

黑洞是广义相对论所预言的事件视界包围着的一个时空奇点。如图6-6-1(a)所示,黑洞附近的引力场异常强大,以至于掉进事件视界以内的任何事物都不能逃出来,即使是光线也不能逃离黑洞。事件视界是由史瓦西半径所决定的一个球面,可以看作黑洞的某种"表面"。因为对黑洞而言,任何物质粒子都是只进不出,所以黑洞的质量便只有增加而不会减少。黑洞的事件视界面积与质量有关,所以视界面积便也是只增不减。惠勒当时在普林斯顿大学的一位研究生雅各布·贝肯斯坦(Jacob Bekenstein,1947—2015),受到霍金论文的启发,认为"视界面积只增不减"的说法,听起来非常类似于热力学中的"熵"增加原理。于是,贝肯斯坦首次提出了黑洞拥有熵的概念，并认为黑洞的“熵”与其表面积成正比，视界表面积可以作为黑洞的熵的量度，从而建立了黑洞热力学。贝肯斯坦将黑洞物理与热力学做进一步类比，如果任何物体具有“熵”的概念，便能够定义温度，即使是绝对的“黑体”，在一定温度下也应该有“黑体辐射”的现象。

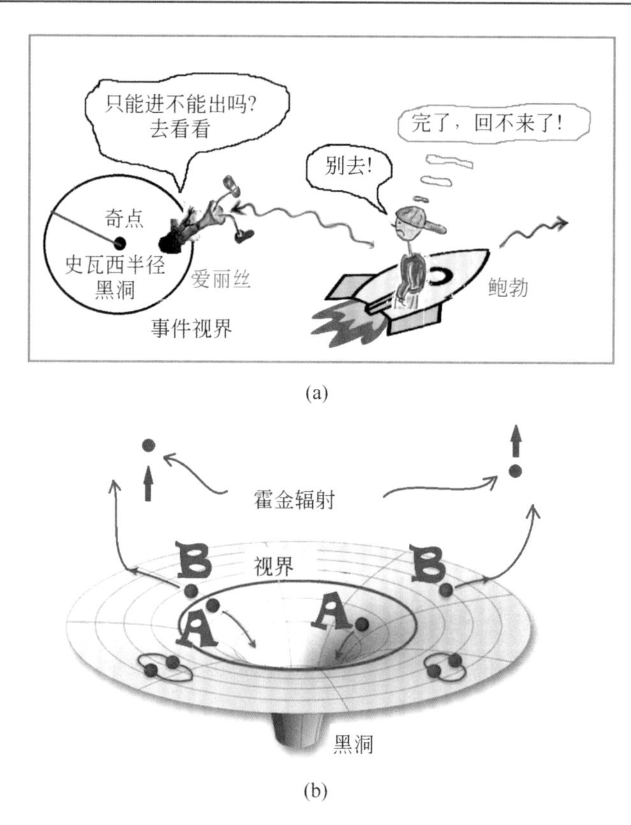

图 6-6-1　黑洞物理和霍金辐射

(a) 黑洞附近的爱丽丝和鲍勃；(b) 霍金辐射

霍金当时并不同意贝肯斯坦的观点，认为它与黑洞的经典性质相抵触。但是，霍金于 1974 年发现的“霍金辐射”，实际上支持了黑洞具有“熵”的说法，因此霍金后来承认了贝肯斯坦理论的正确。

黑洞不是只进不出吗？为什么又具有“辐射”现象呢？霍金在《黑洞爆炸？》一

文中，将量子的概念用以解释黑洞的辐射。霍金认为，由于真空能量的涨落，在黑洞事件视界的邻近区域会出现许多由“正负能量粒子”构成的虚粒子对，它们不断生成又不断湮灭。在它们短暂的生命期间内，这些微观粒子遵循量子力学的“不确定性原理”，大多数情形下在黑洞的事件视界附近转圈，见图 6-6-1(b)。但有少数时候，虚粒子对中的一个(粒子 A)有可能掉进了黑洞，如同图 6-6-1(a)中不小心的爱丽丝那样，再也回不来了。剩下伤心欲绝的鲍勃孤身一人在黑洞外游荡。如果是考虑图 6-6-1(b)那种许多虚粒子对的情况的话，如果粒子 A 被黑洞“俘获”，粒子 B 则从虚粒子转化成具有能量的实粒子，可以跑到无穷远。如此而逃离黑洞事件视界的所有 B 粒子，便构成了“霍金辐射”。

霍金对黑洞辐射量子力学的解释颇能令人信服，也从此开启了黑洞的量子引力研究。不过，霍金辐射的强度非常小，例如，一个质量为太阳质量(10^{30}kg)的黑洞，其霍金辐射温度为 10^{-7}K，远远低于宇宙微波背景辐射的温度(2.7K)。因此，天文观测和实验室中观察到不少黑洞的候选者，但至今尚未有确实的证据证明“霍金辐射”存在。

霍金辐射的能量来源于黑洞，由理论计算可知，黑洞的质量越小，霍金辐射就越大。因而，对某些黑洞，就有可能因为辐射而使其质量不断减少，最后消失了。这种现象被称为“黑洞蒸发”。黑洞最终的命运是因“蒸发”而消失，这个结论会导致很多问题，“信息悖论”(或称黑洞佯谬)便是其中之一。

黑洞佯谬是霍金在 1981 年于旧金山举行的一次讨论会上提出的，之后遭遇不少反对意见，引发一场所谓的“黑洞战争”。在此不作详细介绍，读者可参阅参考文献[50]。

霍金对黑洞的经典物理和量子物理方面都做出了重要贡献。除此之外，他还写了好几本科普书籍，将深奥的物理概念介绍给非物理界大众。其中《时间简史》一书一度成为位居榜首的畅销书。

7.

威滕的菲尔兹奖

1951年，也就是爱因斯坦在72岁寿诞时留下他那一张著名的吐舌头照片的那一年，一个婴儿降生在美国巴尔的摩的一个研究广义相对论的犹太裔理论物理教授家里。他就是现在普林斯顿高等研究院的数学物理教授，如今已成为最著名的理论物理学家之一的爱德华·威滕（Edward Witten，1951—　）。

尽管他的父亲路易斯·威滕是研究广义相对论的理论物理学家，但年轻时威滕的梦想却是走向人文之路。他高中毕业后进大学主修历史，打算将来成为一名政治家或记者，毕业后还曾经参与支持一位民主党候选人的总统竞选工作。不过后来，他感觉从政的道路上容易迷失自我，因此"半路出家"而杀向了理论物理。从他21岁进入普林斯顿大学研究生院开始，他对物理及数学的兴趣骤增，并且钻进去便一发不可收拾。由于威滕在物理及数学领域表现出与众不同的才能，29岁便被普林斯顿大学物理系聘为教授（图6-7-1）。

图6-7-1　爱因斯坦72岁那年，威滕出生于离普林斯顿不远的巴尔的摩

威滕的物理直觉惊人、数学能力超凡。20 世纪 80 年代，笔者在奥斯汀大学相对论中心攻读博士学位期间，听过与温伯格一起工作的一位年轻而知名的弦论物理学家评价威滕。具体原话记不清楚了，大意是说："在当今的粒子物理领域中，只有威滕是理论物理学界的莫扎特。相比而言，我们都只能算作宫廷乐师！"

那位物理学家当年还津津有味地描述了 1984 年 11 月的那天，威滕在普林斯顿大学就弦论做报告时的精彩热闹情景。威滕这位当时涉猎弦论和量子场论并不太久的年轻人，以他关于卡拉比-丘流形紧化的文章[51]，在理论物理界掀起了一个超弦风暴。后来人们用"第一次超弦革命"来命名这段弦论红火的短暂时期。

到了 1990 年，弦论研究处于低谷，却传来了国际数学联盟授予威滕数学界最高奖项——菲尔兹奖的消息。爱德华·威滕是第一位，也是迄今为止唯一一位被授予菲尔兹奖的物理学家。

著名英国数学家迈克尔·阿蒂亚(Michael Atiyah)，当年被邀请在菲尔兹奖颁奖大会上介绍爱德华·威滕的工作。他因事未能出席大会，但他在书面发言中如此评论威滕[52-53]："虽然他绝对是一位物理学家，但他对数学的驾驭能力，足以与数学家媲美……他一次又一次超越了数学界，以巧妙的物理直觉导出新颖深刻的数学定理……他对现代数学影响巨大……凭着他，物理再次成为数学的丰富灵感和直觉的源头。"

的确如此，从威滕发表的几百篇论文涉及的课题来看，大多数是物理方面的。他是弦论的开创者，也是研究量子场论的专家。1995 年，他提出的 M 理论掀起弦论的第二次革命。除了物理之外，威滕对相关的数学方面做出许多贡献，他与菲尔兹奖有关的工作可简单概括为如下几点。

(1) 正能量定理

爱因斯坦广义相对论的核心是引力场方程。这个方程的一边是物质的能量动量张量，另一边则是由四维空间的曲率及其导数组成的爱因斯坦张量。引力场方程的解描述在一定的物质分布下时空的几何性质。它实际上是一个二阶非线性偏微分方程组，要想在数学上求得此方程组的解非常困难。方程只在某些特殊情形下有解析解，比如，引力场方程的真空解是平直的闵可夫斯基四维时空。物质分布为球面对称的准确解称为“史瓦西解”。

尽管求解引力场方程困难重重，但根据它来研究物质及空间的种种性质却行之有效。为此物理学家们做了种种努力，正能量定理（或称“正质量猜测”）便是沿此思路而导出的一个漂亮结果。定理的大意如此：如果在一个引力系统中，物质被包围在一个有限的范围内的话，引力场方程的解是渐近的闵可夫斯基四维时空，也就是说，在距离这个物质区域足够远的地方，时空可以近似看作平坦的。对这类渐近平坦引力体系，可以定义一个总能量值，即系统的全部能量之和。人们猜测：这个值是一个正数或零，并且当且仅当该引力系统是完全平坦的闵可夫斯基空间时，该总能量值才会为零。进一步，从这个定理可以推出闵可夫斯基空间是引力场方程的一个稳定基态解。

美籍华裔数学家丘成桐使用非线性偏微分方程中的极小曲面理论，在1979年对此猜想给出了一个完全的证明。这在当时是一个了不起的工作，也是丘成桐之后获得菲尔兹奖的主要成就之一。

两年后的1981年，威滕用线性偏微分方程理论，源于物理中经典超引力的思想，对正能量猜测给出了一个十分简捷的证明[54]。

（2）莫尔斯（Morse）理论

记得在中国科学院理论物理所读书时，我的指导教授用一个笑话来解释拓扑方法与分析方法的区别：人们需要捕获山中的一只老虎。如何解决这个难题呢？做数学分析的专家回答，“你们必须首先选择一个坐标，确定老虎某时某刻所在的准确位置，老虎离你们的距离等，然后……”而拓扑学家则说，“不需要那么复杂的细节呀，你们只要建好一个关老虎的笼子，然后，再对整个空间做一个拓扑变换，将笼子外变换成笼子内，老虎不就关进笼子里了吗……”

这个笑话也许不算十分准确，但却大概地表明了拓扑学的基本方法：它不在乎位置、距离、大小这些与度量有关的东西，而只研究曲线或曲面（或流形）连续变换时的性质。

不过实际上，拓扑的方法与分析的方法是可以关联起来的。研究表明，流形的整体拓扑性质，可以与流形上函数的性质密切相关。莫尔斯理论，就是通过研究流形上的函数性质，来得到流形的拓扑信息。

莫尔斯理论是微积分与拓扑的结合，属于微分拓扑范畴。它通过研究流形上的函数全部临界点的性态，来探索流形的整体拓扑性质，因而也被称为"临界点理论"。所谓临界点，就是一阶导数为零的点，对应于大家熟知的平面曲线上的极值点，是这个极点概念在泛函、变分和流形上的推广。莫尔斯理论的核心是莫尔斯本人于 1925 年推广极小极大原理而得出的莫尔斯不等式。

威滕的工作则是给出了莫尔斯不等式的一个新证明，把临界点理论和同调论联系起来。人们认为，威滕 1982 年就此工作发表的论文标志着"量子数学"的开端[55]。

(3) 扭结理论(Knot theory)

扭结理论是拓扑学的一个分支，它研究的是嵌入三维空间中的一维圈状图形的拓扑结构，因而又被俗称为"绳结的数学"。从人类文明之初开始，绳结就与人类的生活纠结在一起，简单如系鞋带，复杂如织毛衣，这些生活体验都与绳结的结构相关联。还有历史悠久传遍世界的美丽而智慧的"中国结"，更是一个令国人自豪的例子。

虽然绳结的历史已有几千年，"扭结"发展成数学上的一门学科，却只是 100 多年前的事，这得归功于数学王子约翰·卡尔·弗里德里希·高斯(Johann Carl Friedrich Gauss，1777—1855)。

拓扑学研究中的核心问题之一是拓扑变换中的不变量。不变量具有将不同拓扑形状分类的能力，各种拓扑不变量的分类能力有所不同，有的能力强，有的能力弱。找到能力更强的拓扑不变量是拓扑学研究的目标之一。在扭结理论中，有一类重要的不变量以多项式的形式表示，最早(1923 年)提出的亚历山大多项式一直被用来对各种扭结形态分类，但人们发现它的能力不够强，无法区分某些显然不一样的扭结，比如手征性不同的扭结，这个困难直到 60 多年后的 1984 年才被新西兰数学家沃恩·琼斯(Vaughan Jones，1952—2020)发现的琼斯多项式(Jones polynomial)所解决。琼斯由此而在1990年，与威滕等共4名数学家共同分享了该年的菲尔兹奖。

威滕的贡献是将与琼斯多项式的有关理论带到了物理学界，将规范场论中使用的陈省身-西蒙斯理论(Chern-Simons theory)与琼斯多项式结合起来，他的方法对低维拓扑的研究有深远影响。因为威滕的工作，扭结理论重新成为理论物理学家们的宠儿[56]。

其实，历史地看，威滕作为一个理论物理学家得到菲尔兹奖，也不是很奇怪的事情。理论物理和数学，本来就是同宗同源的兄弟，数学为物理学家提供解决问题实现理论的漂亮手段，物理则在一定程度上，成为数学家灵感和直觉的重要源泉。

威滕在理论物理方面的研究，主要是超弦理论及后来的延展——M理论。

超弦理论(superstring theory)是除了“圈引力量子化”之外的另一种流行的量子引力理论。它的前身弦论是偶然发端于对强相互作用的研究。但后来，研究强作用的人们对量子色动力学趋之若鹜，没人记得有什么“弦论”。在20世纪80年代，有人发现从弦论中可以得到自旋为2的无质量粒子。而这种粒子早在30年代时就被泡利断言为是引力场量子化的基本激发态。既然曾经用它来研究强相互作用，现在又发现它能产生量子化引力场的激发态，它便很有可能对统一理论做出贡献。于是，研究者们将它从故纸堆里翻出来，让它走上了这条“统一”的漫长征途。

弦论描述的是比夸克、电子、光子等基本粒子更“小”一层的基本单元，认为这些单元是由一小段一小段的“弦线”组成。弦线可以是闭合的，也可以是开口的，形状可以各式各样。弦线的长度大约是普朗克长度，这是个很小的数值，大约等于1.6162×10^{-35} m。弦线的不同的振动频率和振动模式对应于不同种类的基本粒子。弦论之前的粒子物理，用的是点粒子模型，比较而言，弦线模型本身就包括了波动性质，因而可以避免一些点粒子模型带来的问题。有些弦论除了弦线状之外，还包括膜状模型。

在弦论中引进超对称的概念，便成为超弦理论。超对称是费米子和玻色子之间的一种对称性，但这种对称性至今尚未被观测到。

20世纪90年代，威滕将5种十维的超弦理论与十一维的超引力结合在一起，建立了M理论，这是所谓第二次超弦革命，如图6-7-2(b)所示。

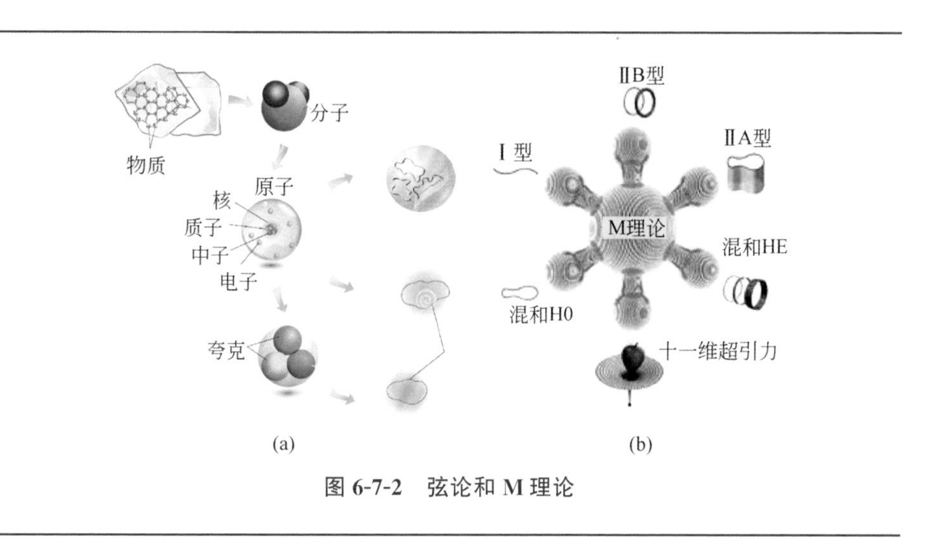

图 6-7-2　弦论和 M 理论

8. 期待革命

在理论物理领域内，现在已经可以见到越来越多的华人科学家的身影。斯坦福大学教授张守晟（1963—2018）和麻省理工学院的教授文小刚，是近年来备受关注的两位。这两位学者都从研究高能物理开始再转到凝聚态物理。文小刚继劳夫林解释分数量子霍尔效应之后，建立了分数量子霍尔效应的拓扑序理论和边缘态理论[57]。之后又进一步把弦论嫁接到凝聚态中，提出弦网凝聚理论，该理论不仅揭示了拓扑序和量子序的本质，而且文小刚又将它从凝聚态物理转而返回到宇宙中最基础的物质本源问题，构造出了一个颇有希望的统一理论，有兴趣者可参看文小刚本人就弦网凝聚理论而写的一篇精彩科普[58]（图 6-8-1）。

图 6-8-1　文小刚和他的弦网理论

研究凝聚态的科学家，如何也走上了这条统一之路？实际上，凝聚态物理与粒子物理一直有密不可分的关系，因为它们都基于量子理论，对称性自发破缺的概念最早便是出现在凝聚态物理中。粒子物理学研究的是微观世界的基本粒子及其相互作用,凝聚态物理则更关心多粒子系统的宏观统计性质。

在构造统一理论模型的思维方式方面,粒子物理学家们一直是“追根溯源”,将物质粒子分了再分,直到分不下去为止,这在哲学上属于还原论的范畴。然而,物理理论之统一是否只有“还原”这一条路呢?还原到一定的层次,也许应该变换一个思路,考虑多粒子“凝聚”在一起的理论,就像凝聚态物理学家们研究的那样?事实上,在粒子物理统一理论中占据重要地位的量子场论,本来就是属于多粒子系统的量子理论。如果将“统一”的思想,从“还原”的框框中跳出来,将其一开始便植根于多粒子相互作用之土壤中,也许能使我们考虑统一理论时具有更宽阔的视野,受益匪浅?

因此,文小刚认为,粒子物理学家们孜孜以求的统一理论,答案有可能从凝聚态物理中得到。如今,粒子物理学家按照还原论的想法已经做到了极致,因为涉及的微观尺度越小,到达的能量级别就越高,即使理论方面还可以继续思考下去,但加速器所需的能量已经到了难以企及的程度,因而无法验证新的理论。而近年来在凝聚态物理的发展中,实验和理论都取得不少突破,新型的物质形态在实验中频频出现,比如拓扑序、拓扑绝缘体、自旋液体等。或许高能物理加速器中找不到的物质形态(或粒子),将来也有可能出现在凝聚态的实验室中?对多体系统中这些新型物态的理论研究,肯定将有助于量子理论,甚至数学理论的发展和变革,从而推动“第二次量子革命”。

文小刚的弦网理论,便是一种从这种思路发展的统一理论。“弦网”与粒子物理学家研究的“超弦”不同,虽然都使用了同一个“弦”字,但此弦非彼弦,起码在尺度上有天壤之别。超弦之“弦”的数量级是很小的普朗克长度,弦网却是遍及宇宙,其“弦”的大小也可以大到宇宙的尺度。

如此大尺度的“弦”,怎么能描述微观世界的基本粒子以及其间的相互作用呢?这与量子理论中奇特的量子纠缠现象有关。量子纠缠指的是两个曾经互为耦合的粒子,即使分开很远的距离还能不可避免地互相影响和纠缠[13]。由多粒子组成的量子系统有可能会发生这种长程的量子纠缠,如凝聚态物理中的拓扑物态便是起源于多体系统里的量子纠缠。

文小刚认为，弦网理论的深层内涵是信息和物质的统一。因为弦网之弦是由量子比特构成的，弦网便是一个量子比特的海洋。认为物质等于信息的想法，学术界早已有之，不过初听起来总感觉带股抽象的哲学味道，不太像正统的科学。但事实上，物理学家研究这方面的先驱不少，量子计算和量子比特的概念最早是被费曼提出的，费曼和惠勒可算是一对疯狂的师生搭档，发明出不少新颖的想法。惠勒也曾经语出惊人地说过"万物皆比特"的名言。从哲学上来说这句话无可非议，易于理解。一切都来自于信息，这世界上如果除了信息之外还有别的什么的话，那不也是给了我们"信息"才使我们得以知晓吗？所以仍然是信息！况且，信息，即量子比特，也是在物理上可以实现的东西，就像经典比特可以用电路中电压的高低来实现一样，量子比特可以用基本粒子的自旋态来实现。

量子力学与相对论的统一，其深刻的含义可能就是信息与物质的统一。物理学家伦纳德·萨斯坎德在《黑洞战争》一书中讨论过黑洞附近信息丢失的问题，即证明了信息与物质的深刻联系。

在弦网理论中，真空就是一个充满了量子比特(0 和 1)的动态海洋。这些量子比特按照不同的规律形成量子纠缠，根据它们纠缠的不同方式而形成不同的"弦"和"网"。比如说，符合麦克斯韦方程的电磁波(光波)，可以看作真空中闭弦的密度波。这些闭弦的密度用以描述光波的强度。闭弦密度因真空涨落而不断变化，形成光波。变化有时候是剧烈的，产生"涡旋"，甚至将闭弦"拉断"变成了开弦。这些开弦产生了互相纠缠的正负电子对(或其他的费米子对)，分别对应于弦的两个"端点"。"端点"之间也有可能重新连接起来，则就对应于正负电子的"湮灭"过程。如果弦网纠缠的方式和结构不同，也可以用来描述弱相互作用和强相互作用，而其中的涡旋或端点便可以描述夸克以及其他的基本粒子。如果能够再将涉及空间的基本几何性质的引力，也统一到弦网中，那就是一个大统一理论了。

量子纠缠是量子力学中粒子的基本特性，玻尔和爱因斯坦当初的"世纪之争"就与此有关。直到目前人们对量子纠缠仍有许多疑惑之处有待挖掘。对弦网的研究也许能引发研究量子纠缠问题的高潮，从而推动量子理论，以及理论物理学的下一个革命？

更多有关弦网理论研究，请参考文小刚等人的最新著作[59]。

“路漫漫其修远兮，吾将上下而求索。”大业未成，尚需动力。爱因斯坦吹响了统一的号角，几十年来，无数物理学家们始终如一地奋斗在漫长而艰辛的统一路上！

参考文献

[1] 格雷克. 牛顿传[M]. 吴铮,译. 北京：高等教育出版社,2004：22-32.

[2] 张天蓉. 数学物理趣谈：从无穷小开始[M]. 北京：科学出版社,2015：14-17，71-75.

[3] TEMPLE G. 100 Years of Mathematics[M]. London：Duckworth，1981：210.

[4] WEYL H. Space-Time-Matter[M]. 4th ed. New York：Dover，1952：166-170.

[5] SCHRÖDINGER E. An Undulatory Theory of the Mechanics of Atoms and Molecules [J]. Phys. Rev,1926,28：1049.

[6] 张天蓉. 科学、教育与社会：访著名物理学家约翰・惠勒[J]. 科学学与科学技术管理，1985(2)：21-24.

[7] 张奠宙. 和杨振宁漫谈：数学和物理的关系[J]. 数学传播,1997：21(2). 17-21.

[8] DIRAC P A M. The Quantum Theory of the Electron[J]. Proceedings of the Royal Society A：Mathematical，Physical and Engineering Sciences,1928：117 (778)：610.

[9] PAULI W. Sources in the History of Mathematics and Physical Sciences[M]. London：Springer,2005：18. 210.

[10] PAULI W. On the Connexion Between the Completion of Electron Groups in an Atom with the Complex Structure of Spectra[J]. Z. Physik,1925：31，765ff.

[11] 维基百科. Spinor[EB/OL]. [2020-09-20]. http://en. wikipedia. org/wiki/Spinor.

[12] DYSON F J. Selected Papers of Freeman Dyson，1990-2014[M]. Singapore：World Scientific Publishing Company,2015：212-222.

[13] 张天蓉. 世纪幽灵：走近量子纠缠[M]. 合肥：中国科技大学出版社,2013：30-50.

[14] WEINBERG S. The Quantum Theory of Fields [M]. Cambridge：Cambridge University Press,1996：191-213.

[15] ZEE A. Quantum Field Theory in a Nutshell[M]. Princeton：Princeton University Press,2003：5-89.

[16] PESKIN M E，SCHROEDER D V. An Introduction to Quantum Field Theory [M]. Redwood City：Addison-Wesley,1995：120-150.

[17] YVONNE C B，CÉCILE D M. Analysis，manifolds and physics. Part I：Basics[M]. Amsterdam：North Holland，1982：150-190.

[18] STERNBERG S. Group Theory and Physics[M]. Cambridge：Cambridge University Press，1995：1-43.

[19] HAMERMESH M. Group Theory and Its Application to Physical Problems[M].

New York：Dover Books on Physics，1989：1-30.

［20］ GELFAND I M，MINLOS R A，SHAPIRO Z Y. Representations of the Rotation and Lorentz Groups and Their Applications[M]. New York：Pergamon Press，1963：210-250.

［21］ WYBOURN B G. Classical Groups for Physicists[M]. New York：Wiley，1974：199-210.

［22］ YVETTE K S. The Noether Theorems：Invariance and Conservation Laws in the Twentieth Century［EB/OL］.［2020-09-20］. http://www. math. cornell. edu/～templier/junior/The-Noether-theorems. pdf.

［23］ NAMBU Y，JONA-LASINIO G. Dynamical Model of Elementary Particles Based on an Analogy with Superconductivity. Ⅰ［J］. Physical Review，1961，122：345-358.

［24］ NAMBU Y，JONA-LASINIO G. Dynamical Model of Elementary Particles Based on an Analogy with Superconductivity. Ⅱ［J］. Physical Review，1961，124：246-254.

［25］ 张天蓉. 电子，电子！谁来拯救摩尔定律?［M］. 北京：清华大学出版社，2015：181-193.

［26］ GELL-MANN M. Isotopic Spin and New Unstable Particles［J］. Phys. Rev，1953：92，833-834 .

［27］ 乔治·约翰逊. 奇异之美：盖尔曼传[M]. 朱永伦，等译. 上海：上海科技教育出版社，2002：237-263.

［28］ GELL-MANN M. A Schematic Model of Baryons and Mesons[J]. Physics Letters，1964，8 (3)：214-215.

［29］ 陆启铿. 规范场与主纤维丛上的联络[J]. 物理学报，1974，4(23)：249-263.

［30］ 费曼. 量子电动力学讲义[M]. 张邦固，译. 北京：高等教育出版社，2013：97-100.

［31］ 杨振宁. 我的学习与研究经历［EB/OL］.［2020-09-20］. http://www. ishare5. com/4526563/.

［32］ YANG C N，MILLS R L. Isotopic Spin Conservation and a Generalized Gauge Invariance[J]. Phys. Rev. ，1954：95，631.

［33］ YANG C N，MILLS R L. Conservation of Isotopic Spin and Isotopic Gauge Invariance[J]. Phys. Rev. ，1954：96，191.

［34］ YANG C N. An Anecdote［EB/OL］.［2020-09-20］. http://universe-review. ca/R15-21-YangPauli. html.

［35］ COX R T，MCILWRAITH C G，Kurrelmeyer B. Apparent Evidence of Polarization in a Beam of β-Rays[J]. Proc Natl Acad Sci USA，1928，14(7)：544-554.

［36］ LEE T D，YANG C N. Question of Parity Conservation in Weak Interactions[J]. Physical Review，1956，104 (1)：254-258.

［37］ WU C S，AMBLER E，HAYWARD R W，et al. Experimental Test of Parity Conservation in Beta Decay[J]. Physical Review，1957，105 (4)：1413-1415.

[38] Press release from Royal Swedish Academy of Sciences[EB/OL]. [2020-09-20]. http://www. nobelprize. org/nobel_prizes/physics/laureates/2013/press. html.

[39] ENGLERT F, BROUT R. Broken Symmetry and the Mass of Gauge Vector Mesons [J]. Physical Review Letters, 1964, 13 (9): 321-323.

[40] HIGGS P W. Broken Symmetries and the Masses of Gauge Bosons[J]. Physical Review Letters, 1964, 13 (16): 508-509.

[41] SCHUMM B A. Deep Down Things: The Breathtaking Beauty of Particle Physics [M]. Baltimore: Johns Hopkins University Press, 2004: 199-210.

[42] GLASHOW S L. Partial Symmetries of Weak Interactions[J]. Nucl. Phys., 1961, 22: 579-588.

[43] Weinberg S. A Model of Leptons[J]. Phys. Rev. Lett., 1967, 19: 1264-1266.

[44] GOLDSTONE J, SALAM A, WEINBERG S. Broken Symmetries[J]. Phys. Rev, 1962, 127: 965-970.

[45] THE NOBEL FOUNDATION. The Nobel Prize in Physics[EB/OL]. [2020-09-20]. http://www. nobelprize. org/nobel_prizes/physics/laureates/1979.

[46] THE NOBEL FOUNDATION. The Nobel Prize in Physics[EB/OL]. [2020-09-20]. http://www. nobelprize. org/nobel_prizes/physics/laureates/1999.

[47] KOBAYASHI M, MASKAWA T. CP-Violation in the Renormalizable Theory of Weak Interaction[J]. Progress of Theoretical Physics, 1973, 49 (2): 652-657.

[48] GAMOV D, IVANENKO L, LANDAU D. World constants and limiting (Translated from Original Russian Text. 1928) [J]. Physics of Atomic Nuclei, 2002, 65(7): 1403-1405.

[49] 张天蓉. 上帝如何设计世界：爱因斯坦的困惑[M]. 北京：清华大学出版社，2015：123-148.

[50] 萨斯坎德. 黑洞战争[M]. 李新洲，等译，长沙：湖南科技出版社，2010：151-199.

[51] CANDELAS P, HOROWITZ G T, STROMINGER A, et al. Vacuum Configurations for Superstrings[J]. Nuclear Physics, 1985, B 258: 46-74.

[52] FADDEEV L D. On the work of Edward Witten[C]//Addresses on the works of Fields medalists and Rolf Nevanlinna Prize winner, Tokyo, 1990: 27-29.

[53] ATIYAH M . On the work of Edward Witten[C]//Proceedings of the International Congress of Mathematicians, Kyoto, 1990: 31-35.

[54] WITTEN E. A New Proof of the Positive Energy Theorem[J]. Comm. Math, Phys., 1981: 80, 381.

[55] WITTEN E. Supersymmetry and Morse theory[J]. J. Diff. Geom., 1984: 17, 661.

[56] WITTEN E. Quantum Field Theory and the Jones Polynomial[J]. Comm, Math, Phys., 1989: 121-351.

[57] WEN X G. Topological Orders in Rigid States [J]. Int. J. Mod. Phys., 1990:

B4，239.

[58] 文小刚. 我们生活在一碗汤面里吗？——光和电子的统一与起源[J]. Physics，41(6)：359-366.

[59] ZENG B，CHEN X，ZHOU D L，et al. Quantum Information Meets Quantum Matter—From Quantum Entanglement to Topological Phase in Many-Body Systems (Part V)[EB/OL]. [2020-09-20]. http://arxiv. org/abs/1508. 02595，2015.